Flask
Web应用开发项目实战

木合塔尔·沙地克◎著

基于 Python 和 统信 UOS

人民邮电出版社

北京

图书在版编目（CIP）数据

Flask Web应用开发项目实战：基于Python和统信UOS / 木合塔尔·沙地克著. -- 北京：人民邮电出版社，2024.2
ISBN 978-7-115-62700-1

Ⅰ. ①F… Ⅱ. ①木… Ⅲ. ①软件工具－程序设计 Ⅳ. ①TP311.561

中国国家版本馆CIP数据核字(2023)第177816号

内 容 提 要

本书通过一个完整的项目开发案例，系统介绍在统信 UOS 操作系统上进行 Flask Web 应用开发的过程。本书从项目功能、环境配置开始介绍，详细分析用户功能、管理功能、数据分析与可视化、数据库管理的代码实现，最后还介绍了搭建服务器的流程与模块化编程。为了方便学习，本书提供完整的项目源码。虽然所有代码的开发调试在统信 UOS 上进行，但在 Windows、macOS 和 Linux 系统上均可以运行。

本书可作为高校计算机及相关专业的应用开发教材，也可作为 Web 开发工程师和相关从业者的自学参考书。本书对基于统信 UOS 进行 Web 开发的工程师极具参考价值。

◆ 著　　木合塔尔·沙地克
　责任编辑　赵祥妮
　责任印制　陈　犇

◆ 人民邮电出版社出版发行　北京市丰台区成寿寺路11号
　邮编　100164　电子邮件　315@ptpress.com.cn
　网址　https://www.ptpress.com.cn
　涿州市京南印刷厂印刷

◆ 开本：800×1000　1/16
　印张：16.25　　　　　　　　2024年2月第1版
　字数：368千字　　　　　　　2024年2月河北第1次印刷

定价：69.90元

读者服务热线：(010)81055410　印装质量热线：(010)81055316
反盗版热线：(010)81055315
广告经营许可证：京东市监广登字 20170147 号

前　言

　　Flask 是目前十分流行的、轻量级的可定制 Web 框架，较其他同类型框架更为灵活、轻便、安全且容易上手，能够很好地结合 MVC 模式进行开发。程序员可以使用 Python 语言快速实现一个网站或 Web 服务；通过分工合作，小型团队在短时间内就可以实现功能丰富的中小型网站或 Web 服务。Flask 主要包括 Werkzeug 和 Jinja2 两个核心函数库，它们分别用于实现业务处理和安全方面的功能，为 Web 项目开发提供了丰富的基础组件，从而可以实现个性化的网站定制。

　　随着统信 UOS 操作系统的不断发展，电子办公、教育、金融等领域开始使用统信 UOS，不难预测，基于国产操作系统的应用开发即将成为大趋势。目前在国产平台上进行 Web 应用开发的相关资料非常少，虽然在网上可以找到一些相关文章，但只是阅读这些零零散散的文章，初学者想要在国产操作系统上开发一个完整的 Web 应用仍然有一定的难度。为了弥补这一缺陷，本书通过一个完整的项目开发案例（是学习编程的最好方法之一），系统地介绍在统信 UOS 上开发 Flask Web 应用的相关知识。

　　本书的特点：一是完全在国产统信 UOS 上开发、部署应用；二是以完整的项目为例，系统地介绍 Flask Web 编程；三是用"Pythonic 代码揭秘[1]"模块对具有 Python 特性的代码给出简单、易懂的同等代码解释；四是详细介绍 MySQL、MariaDB 数据库服务器在 Windows、CentOS 和 UOS Server 上的安装、配置和远程连接；五是虽然书中所有代码都在统信 UOS 上开发、调试、部署，但其在 Windows、macOS 和 Linux 系统上均可以调试、部署、运行。本书所涉及的相关内容有统信 UOS、Windows、CentOS、SQLite、MySQL、MariaDB、Tornado、Gunicorn、Python、Flask、HTML、CSS、jQuery、Bootstrap 等知识。

　　本书不是从零开始讲解 Python 语法，而是围绕实际项目讲解 Flask Web 应用开发所需的知识，并对书中的代码进行了详细解释，不仅适合有一定编程基础的读者参考，也适合初学者参考。同时为了让初学者易于上手，项目采用结构简洁、流程直接的单文件编程方式开发，并确保各个功

---

[1] Python 最迷人的特性之一是"一致性"，这种一致性的代码就称为 Pythonic 风格的代码。Pythonic 追求的是充分利用 Python 语言的特性来产生清晰、简洁和可维护的代码。Pythonic 代码不仅追求获得正确的语法，而且遵循 Python 社区的约定。虽然 Pythonic 代码是习惯，而不是硬规则，但如果想成为"Python 高手"，最好养成这个习惯。

能模块能够独立运行，读者可以按需选择性参考相关章节，不必从头到尾阅读。

本书共 8 章，另有若干附录。第 1 章主要介绍项目功能和本书涉及的知识点；第 2 章主要讲解 Flask 开发环境的搭建和开发工具的安装；第 3 章讲解创建 Web 应用、创建数据库和用户功能的实现，包括用户注册、用户登录、用户主页、密码修改、发送邮件等功能的实现；第 4 章讲解管理功能的实现，包括管理员登录、管理主页、编辑、审核、删除用户、密码初始化、系统初始化、照片相册、超级管理员等功能的实现；第 5 章讲解数据分析与可视化，包括饼图、极坐标系、柱状图、折线图、散点图、雷达图、K 线图、箱形图、漏斗图、词云图等常用的交互式动态可视化图形的实现；第 6 章讲解使用 Flask-Admin 对后台数据库进行管理；第 7 章介绍 Tornado 和 Gunicorn 服务器的搭建；第 8 章介绍模块化编程，以模块化编程方式实现用户功能；附录 A 介绍数据分析与可视化所需模拟数据的生成；附录 B 介绍在 Windows 上安装 / 配置 / 连接 MySQL 数据库服务器；附录 C 介绍在 CentOS 上安装 / 配置 / 连接 MariaDB 数据库服务器；附录 D 介绍在 UOS Server 上安装 / 配置 / 连接 MySQL 数据库服务器。

谨以此书献给我的爸爸，我的爸爸在世时特别希望在有生之年出一本他自己的书，虽然他没能实现自己的愿望就离开了我们，但是我完成了他的遗愿。同时感谢我的家人的支持，感谢单位为我提供了创作条件，特别感谢赵祥妮老师耐心的指导和帮助，感谢所有支持我的人。

尽管我对本书进行了多次核对，但难免存在疏漏。如果您在阅读中发现问题，欢迎发邮件到 muhtar_xjedu@163.com。

木合塔尔·沙地克

2023 年 12 月

服务与支持

资源获取

本书相关的案例素材与源码,您可访问 https://gitee.com/botiway/code 获取。本书还提供配套PPT,您可以扫描二维码,根据指引领取。

提交勘误

作者和编辑尽最大努力来确保书中内容的准确性,但难免会存在疏漏。欢迎您将发现的问题反馈给我们,帮助我们提升图书的质量。

当您发现错误时,请登录异步社区(https://www.epubit.com/),按书名搜索,进入本书页面,点击"发表勘误",输入勘误信息,点击"提交勘误"按钮即可(见下图)。本书的作者和编辑会对您提交的勘误进行审核,确认并接受后,您将获赠异步社区的 100 积分。积分可用于在异步社区兑换优惠券、样书或奖品。

与我们联系

我们的联系邮箱是 contact@epubit.com.cn。

如果您对本书有任何疑问或建议,请您发邮件给我们,并请在邮件标题中注明本书书名,以便我们更高效地做出反馈。

如果您有兴趣出版图书、录制教学视频,或者参与图书翻译、技术审校等工作,可以发邮件给我们。

如果您所在的学校、培训机构或企业,想批量购买本书或异步社区出版的其他图书,也可以发邮件给我们。

如果您在网上发现有针对异步社区出品图书的各种形式的盗版行为,包括对图书全部或部分内容的非授权传播,请您将怀疑有侵权行为的链接发邮件给我们。您的这一举动是对作者权益的保护,也是我们持续为您提供有价值的内容的动力之源。

关于异步社区和异步图书

"异步社区"(www.epubit.com)是由人民邮电出版社创办的 IT 专业图书社区,于 2015 年 8 月上线运营,致力于优质内容的出版和分享,为读者提供高品质的学习内容,为作译者提供专业的出版服务,实现作者与读者在线交流互动,以及传统出版与数字出版的融合发展。

"异步图书"是异步社区策划出版的精品 IT 图书的品牌,依托于人民邮电出版社在计算机图书领域 30 余年的发展与积淀。异步图书面向 IT 行业以及各行业使用 IT 技术的用户。

目　　录

第1章　"简历平台"项目介绍 …………………1
1.1　"简历平台"项目要点 ……………………2
1.1.1　目录结构 ………………………… 2
1.1.2　用户功能 ………………………… 4
1.1.3　管理功能 ………………………… 10
1.1.4　数据分析与可视化 ………………16
1.1.5　数据库管理 ………………………20
1.2　涉及的技术知识点 ………………………27
1.2.1　统信UOS ……………………………27
1.2.2　Python ………………………………27
1.2.3　Flask …………………………………27
1.2.4　Bootstrap ……………………………27
1.2.5　jQuery ………………………………28
1.2.6　CSS ……………………………………28
1.2.7　HTML文件 …………………………28
1.2.8　Tornado ………………………………28
1.2.9　Gunicorn ……………………………28
1.2.10　Sublime Text ………………………29
1.2.11　SQLite ………………………………29
1.2.12　MySQL ……………………………29
1.2.13　MariaDB ……………………………29
1.2.14　Navicat ………………………………30
1.3　本章小结 ……………………………………30

第2章　搭建环境 ……………………………………31
2.1　开发环境 ……………………………………31
2.2　进入"开发者模式" ………………………31

2.3　安装pip ………………………………………33
2.4　安装Sublime Text …………………………33
2.5　安装DB Browser for SQLite ……………34
2.6　本章小结 ……………………………………34

第3章　用户功能实现 ……………………………35
3.1　创建Web应用 ………………………………36
3.1.1　安装Flask框架 ………………………36
3.1.2　创建Web应用框架 …………………37
3.2　创建数据库过程 ……………………………38
3.2.1　安装相关模块 ………………………38
3.2.2　数据库设计 …………………………38
3.2.3　创建数据库 …………………………40
3.3　用户注册 ……………………………………41
3.3.1　安装相关模块 ………………………41
3.3.2　表单设计 ……………………………42
3.3.3　视图设计 ……………………………47
3.3.4　模板设计 ……………………………49
3.3.5　运行结果 ……………………………51
3.4　用户登录 ……………………………………53
3.4.1　表单设计 ……………………………53
3.4.2　视图设计 ……………………………55
3.4.3　模板设计 ……………………………59
3.4.4　运行结果 ……………………………61
3.5　用户主页 ……………………………………62
3.5.1　安装相关模块 ………………………62
3.5.2　表单设计 ……………………………66

3.5.3 视图设计 …………………… 68
3.5.4 模板设计 …………………… 76
3.5.5 运行结果 …………………… 78
3.6 密码修改 ……………………………… 79
3.6.1 表单设计 …………………… 79
3.6.2 视图设计 …………………… 81
3.6.3 模板设计 …………………… 82
3.6.4 运行结果 …………………… 83
3.7 发送邮件 ……………………………… 83
3.7.1 安装Flask-Mail ……………… 84
3.7.2 表单设计 …………………… 84
3.7.3 视图设计 …………………… 86
3.7.4 模板设计 …………………… 87
3.7.5 运行结果 …………………… 88
3.8 本章小结 ……………………………… 89

第4章 管理功能实现 …………………… 90
4.1 管理员登录 …………………………… 91
4.1.1 表单设计 …………………… 91
4.1.2 视图设计 …………………… 92
4.1.3 模板设计 …………………… 95
4.1.4 运行结果 …………………… 96
4.2 管理主页 ……………………………… 97
4.2.1 表单设计 …………………… 97
4.2.2 视图设计 …………………… 98
4.2.3 模板设计 …………………… 101
4.2.4 运行结果 …………………… 105
4.3 编辑功能 ……………………………… 106
4.3.1 表单设计 …………………… 106
4.3.2 视图设计 …………………… 109
4.3.3 模板设计 …………………… 112
4.3.4 运行结果 …………………… 112
4.4 审核功能 ……………………………… 113
4.4.1 视图设计 …………………… 113
4.4.2 模板设计 …………………… 115
4.4.3 运行结果 …………………… 115
4.5 删除用户功能 ………………………… 116

4.5.1 视图设计 …………………… 116
4.5.2 模板设计 …………………… 117
4.5.3 运行结果 …………………… 118
4.6 密码初始化 …………………………… 119
4.6.1 表单设计 …………………… 119
4.6.2 视图设计 …………………… 119
4.6.3 模板设计 …………………… 120
4.6.4 运行结果 …………………… 122
4.7 系统初始化 …………………………… 122
4.7.1 表单设计 …………………… 123
4.7.2 视图设计 …………………… 123
4.7.3 模板设计 …………………… 125
4.7.4 运行结果 …………………… 125
4.8 照片相册 ……………………………… 126
4.8.1 视图设计 …………………… 126
4.8.2 模板设计 …………………… 128
4.8.3 运行结果 …………………… 129
4.9 超级管理员 …………………………… 129
4.9.1 视图设计 …………………… 130
4.9.2 模板设计 …………………… 132
4.9.3 运行结果 …………………… 135
4.10 本章小结 ……………………………… 136

第5章 数据分析与可视化 …………… 137
5.1 准备工作 ……………………………… 137
5.1.1 下载ECharts插件 …………… 137
5.1.2 安装pyecharts ……………… 138
5.2 饼图 …………………………………… 138
5.2.1 视图设计 …………………… 139
5.2.2 模板设计 …………………… 140
5.2.3 运行结果 …………………… 141
5.3 极坐标系 ……………………………… 142
5.3.1 视图设计 …………………… 142
5.3.2 运行结果 …………………… 143
5.4 柱状图 ………………………………… 144
5.4.1 视图设计 …………………… 144
5.4.2 运行结果 …………………… 148

5.5 折线图 …………………………………………149
　　5.5.1　视图设计 …………………………149
　　5.5.2　运行结果 …………………………151
5.6 散点图 …………………………………………152
　　5.6.1　视图设计 …………………………152
　　5.6.2　运行结果 …………………………154
5.7 雷达图 …………………………………………154
　　5.7.1　视图设计 …………………………154
　　5.7.2　运行结果 …………………………156
5.8 K线图 …………………………………………157
　　5.8.1　视图设计 …………………………157
　　5.8.2　运行结果 …………………………158
5.9 箱形图 …………………………………………159
　　5.9.1　视图设计 …………………………159
　　5.9.2　运行结果 …………………………161
5.10 漏斗图 …………………………………………162
　　5.10.1　视图设计 ………………………162
　　5.10.2　运行结果 ………………………164
5.11 词云图 …………………………………………164
　　5.11.1　视图设计 ………………………164
　　5.11.2　模板设计 ………………………166
　　5.11.3　运行结果 ………………………166
5.12 基模板主菜单 …………………………………167
　　5.12.1　模板设计 ………………………167
　　5.12.2　运行结果 ………………………168
5.13 本章小结 ………………………………………169

第6章　数据库管理 …………………………170
6.1 准备工作 ………………………………………171
6.2 Flask-Admin登录页面 ………………………172
　　6.2.1　表单设计 …………………………172
　　6.2.2　视图设计 …………………………172
　　6.2.3　模板设计 …………………………173
　　6.2.4　运行结果 …………………………174
6.3 Flask-Admin后台主页 ………………………175
　　6.3.1　视图设计 …………………………175
　　6.3.2　模板设计 …………………………176

6.3.3　运行结果 …………………………176
6.4 用户表管理页面 ………………………………177
　　6.4.1　视图设计 …………………………177
　　6.4.2　运行结果 …………………………178
6.5 系统初始化 ……………………………………179
　　6.5.1　视图设计 …………………………179
　　6.5.2　模板设计 …………………………180
　　6.5.3　运行结果 …………………………181
6.6 管理员页面 ……………………………………182
　　6.6.1　视图设计 …………………………182
　　6.6.2　模板设计 …………………………184
　　6.6.3　运行结果 …………………………186
6.7 密码初始化 ……………………………………187
　　6.7.1　视图设计 …………………………187
　　6.7.2　模板设计 …………………………188
　　6.7.3　运行结果 …………………………188
6.8 用户图相册 ……………………………………189
　　6.8.1　视图设计 …………………………189
　　6.8.2　模板设计 …………………………190
　　6.8.3　运行结果 …………………………191
6.9 本章小结 ………………………………………192

第7章　搭建服务器 …………………………193
7.1 Tornado ………………………………………193
　　7.1.1　安装 ………………………………193
　　7.1.2　配置 ………………………………193
　　7.1.3　启动 ………………………………194
7.2 Gunicorn ………………………………………195
　　7.2.1　安装 ………………………………195
　　7.2.2　配置 ………………………………195
　　7.2.3　启动 ………………………………195
7.3 本章小结 ………………………………………198

第8章　模块化编程 …………………………199
8.1 创建数据库过程 ………………………………199
　　8.1.1　创建构造函数 ……………………199
　　8.1.2　创建数据库模型 …………………200

8.1.3 创建数据库 200
8.1.4 运行结果 200
8.2 用户注册 201
　8.2.1 表单设计 201
　8.2.2 视图设计 202
　8.2.3 Bootstrap设置 203
　8.2.4 创建主程序 203
　8.2.5 模板设计 203
　8.2.6 运行结果 203
8.3 密码修改 204
　8.3.1 表单设计 204
　8.3.2 视图设计 204
　8.3.3 模板设计 205
　8.3.4 运行结果 205
8.4 用户登录 205
　8.4.1 表单设计 205
　8.4.2 登录管理器 205
　8.4.3 视图设计 206
　8.4.4 模板设计 207
　8.4.5 运行结果 207
8.5 用户主页 207
　8.5.1 表单设计 207
　8.5.2 视图设计 208
　8.5.3 模板设计 210
　8.5.4 运行结果 210
8.6 Tornado 210
　8.6.1 配置 210
　8.6.2 启动 211
8.7 Gunicorn 211
　8.7.1 配置 211
　8.7.2 启动 211
8.8 本章小结 212

附录A 模拟数据生成 214
A.1 准备工作 214
A.2 视图设计 215
A.3 运行结果 217

附录B 在Windows上安装/配置/连接MySQL 218
B.1 安装和配置MySQL 218
　B.1.1 下载 218
　B.1.2 安装 219
　B.1.3 配置 219
　B.1.4 创建数据库 221
　B.1.5 创建User表 221
B.2 Web应用连接MySQL 223
　B.2.1 安装PyMySQL 223
　B.2.2 连接MySQL 223
　B.2.3 运行结果 224

附录C 在CentOS上安装/配置/连接MariaDB 226
C.1 安装和配置CentOS 226
C.2 安装和配置MariaDB 229
　C.2.1 安装 229
　C.2.2 配置 231
　C.2.3 创建数据库 232
C.3 连接数据库和创建表 232
　C.3.1 连接MariaDB 232
　C.3.2 创建表 233
　C.3.3 运行结果 234

附录D 在UOS Server上安装/配置/连接MySQL 236
D.1 安装和配置UOS Server 236
D.2 安装和配置MySQL 240
　D.2.1 安装 240
　D.2.2 配置 241
　D.2.3 停止防火墙 243
D.3 连接MySQL，创建数据库和表 243
　D.3.1 连接MySQL 243
　D.3.2 创建数据库和表 244
　D.3.3 运行结果 245

第 1 章 "简历平台"项目介绍

Web 应用的开发会涉及多个角色，比如客户（提出需求）、项目经理（决定需求的实现方式）、开发者（实现需求）等。

Web 应用开发主要包括以下流程。

- 分析需求，列出功能清单或写需求说明书。
- 设计应用的功能，写功能规格书和技术规格书。
- 开发与测试的迭代。
- 调试和性能等专项测试。
- 部署上线。
- 运营维护。

写好功能规格书后，我们就可以进行实际的代码编写。在具体的开发中，代码编写主要分为前端开发和后端开发。

前端开发主要包括以下流程。

- 根据功能规格书画页面草图。
- 根据页面草图做交互式原型图。
- 根据交互式原型图开发前端页面。

后端开发主要包括以下流程。

- 数据库建模。
- 编写表单类。
- 编写视图函数和相关的处理函数。
- 在页面中使用 Jinja2 替换虚拟数据。

流程的每一步并不都是必需的，对于一些简单的应用，可以根据情况省略某些步骤。在实际开发中，有时也将测试融入整个开发流程中。

本书以"简历平台"项目开发为例，系统地介绍 Flask Web 编程，主要包括（但不限于）数据库创建、用户注册、用户登录、密码修改、发送邮件、用户信息编辑、文件上传、菜单设计、工具栏功能实现、安全退出、模态对话框、照片相册、cookie 操作、密码初始化、系统初始化、后台数据库管理、搭建服务器、模块化编程、数据分析与可视化等功能模块。

为了让初学者易于上手，我们在简化代码的同时，尽量覆盖不同的数据类型、不同的组件，尽力用不同的方法实现相似的功能。

1.1 "简历平台"项目要点

1.1.1 目录结构

"简历平台"目录结构大致如下：

```
├── admin.json
├── admips.txt
├── app.py
├── data.db
├── db.py
├── __pycache__
│   └── app.cpython-37.pyc
├── static
│   ├── ckeditor（里面有73个文件夹、327个文件）
│   ├── file
│   ├── image
│   ├── js
│   │   ├── echarts.min.js
│   │   └── echarts-wordcloud.min.js
│   └── sys_Heart.jpg
├── templates
│   ├── admbase.html
│   ├── admin
│   │   ├── index.html
│   │   └── initsys.html
│   ├── admined.html
│   ├── admin.html
│   ├── album.html
│   ├── base.html
│   ├── change.html
│   ├── chartbase.html
│   ├── echart.html
│   ├── edit.html
│   ├── email.html
```

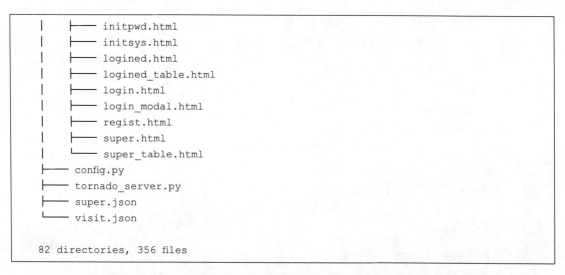

本项目共有 82 个目录（文件夹）、356 个文件，其中主要的目录与文件介绍如下。

- admin.json：存储管理员密码。
- admips.txt：存储允许访问管理功能的计算机 IP 地址。
- app.py：程序代码。
- data.db：SQLite 数据库文件。
- db.py：创建数据库的代码。
- static 文件夹：存储静态文件，如照片、JavaScript 文件等。
  - file文件夹：存储用户文件。
  - image文件夹：存储用户照片。
  - js文件夹：存储echarts.min.js（ECharts插件）、echarts-wordcloud.min.js（ECharts WordCloud插件）等文件。
  - sys_Heart.jpg：词云图背景图。
- templates 文件夹：存储模板（HTML）代码。
  - admbase.html：管理页面基模板。
  - admined.html：管理员主页面模板。
  - admin.html：管理员登录模板。
  - base.html：用户页面基模板。
  - change.html：用户密码修改模板。
  - chartbase.html：数据可视化基模板。
  - echart.html：数据可视化页面模板。
  - edit.html：编辑模板。
  - email.html：发送邮件模板。

- initpwd.html：用户密码初始化模板。
- initsys.html：系统数据初始化模板。
- logined.html：用户主页面模板。
- login.html：用户登录模板。
- super.html：超级管理员模板。
- regist.html：用户注册模板。
- tornado_server.py：启动 Tornado 服务器的代码。
- super.json：存储超级管理员密码。
- visit.json：存储用户访问数。

1.1.2 用户功能

用户功能包括用户注册、用户登录、用户主页（用户功能的核心）、密码修改、发送邮件、安全退出等模块。我们先了解一下用户功能各模块的主要功能。

用户登录页面如图 1-1 所示。在用户登录页面，单击"注册"按钮（或单击主菜单上的"用户注册"子菜单项），打开用户注册页面 1，如图 1-2 所示。

图 1-1　用户登录页面

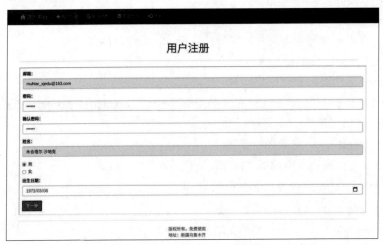

图 1-2　用户注册页面 1

在图 1-2 所示的用户注册页面 1，输入邮箱（登录账号用，若用户忘记密码，邮箱可用于找回密码）、密码、确认密码、姓名、出生日期等信息，并选择性别，单击"下一步"按钮。如果输入的内容有效，则打开用户注册页面 2，如图 1-3 所示。

在图 1-3 所示的用户注册页面 2，选择文化程度、照片、爱好（按住 Ctrl 键可多选），并输入特长信息，单击"注册"按钮。如果输入的内容有效，则显示"注册成功"提示信息，如

图1-4所示。同时,用户注册信息被写入后台数据库,系统跳转到用户登录页面。

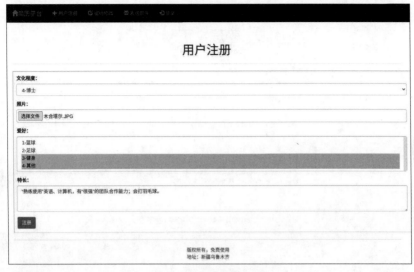

图1-3 用户注册页面2

图1-4 注册成功

"简历平台"设定只有审核通过的用户,方可登录用户主页使用平台功能。

打开管理员登录页面,输入管理员邮箱和密码(不要选择"登录Flask-Admin后台"复选框),单击"管理员登录"按钮,如图1-5所示。

图1-5 管理员登录页面

如果输入的管理员邮箱、密码有效,后台首先判断该用户IP地址是否在被允许访问管理主页的IP地址范围之内。如果用户IP地址是被允许访问管理主页的IP地址,则从后台数据库读取用户信息,判断用户邮箱和密码是否正确、用户是否为管理员,如果均为是,则进入管理主页,如图1-6所示。

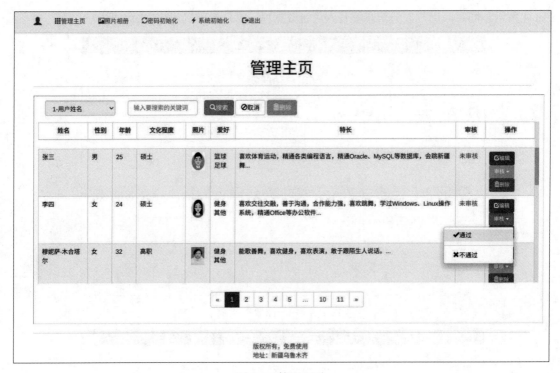

图 1-6 管理主页

在图 1-6 所示的管理主页,找到新注册的用户,在"操作"列,单击"审核"按钮,在显示的下拉菜单中选择"通过"子菜单项。单击主菜单上的"退出"子菜单项,系统将退出管理主页,转到用户登录页面,显示"您已安全退出"提示信息。

在用户登录页面,输入刚才审核通过的用户的邮箱、密码和验证码,选择"记住我"复选框(选择"记住我"复选框,系统将会把用户账号信息写入 cookie,该用户再次打开用户登录页面时,系统就直接进入用户主页,不用再输入邮箱和密码),单击"登录"按钮,如图 1-7 所示。

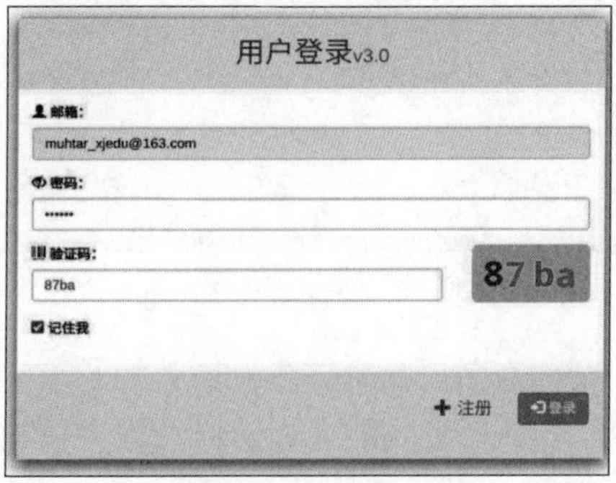

图 1-7 用户登录页面

如果输入的邮箱、密码和验证码有效、正确，且用户已审核通过，则系统将会进入用户主页，如图 1-8 所示。

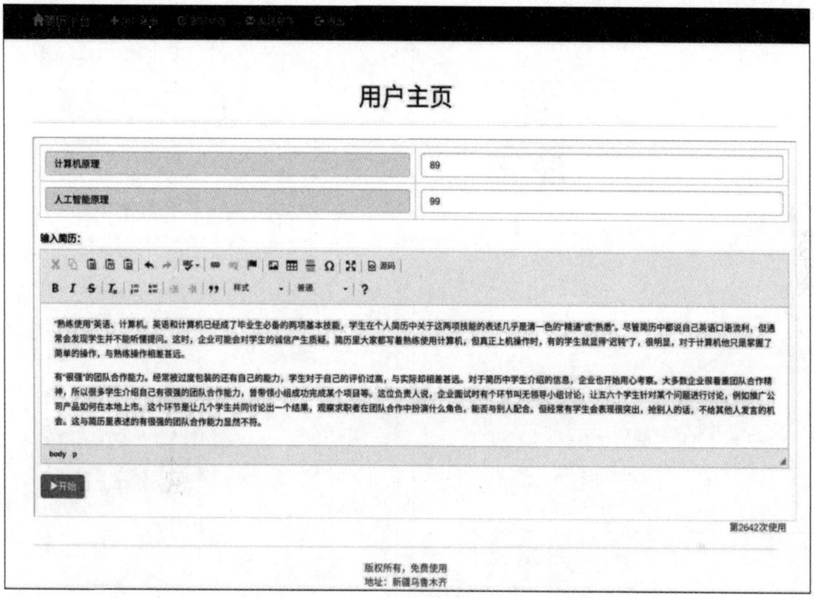

图 1-8 用户主页

在图 1-8 所示的用户主页，输入课程名称、成绩和简历等信息，单击"开始"按钮。如果输入的信息有效（比如成绩范围为 0～100 的整数等），系统开始自动生成个人简历 Word 文档。个人简历 Word 文档生成之后，在用户主页顶部显示"已完成，请下载"的提示信息，并在"开始"按钮旁显示"下载"按钮，如图 1-9 所示。

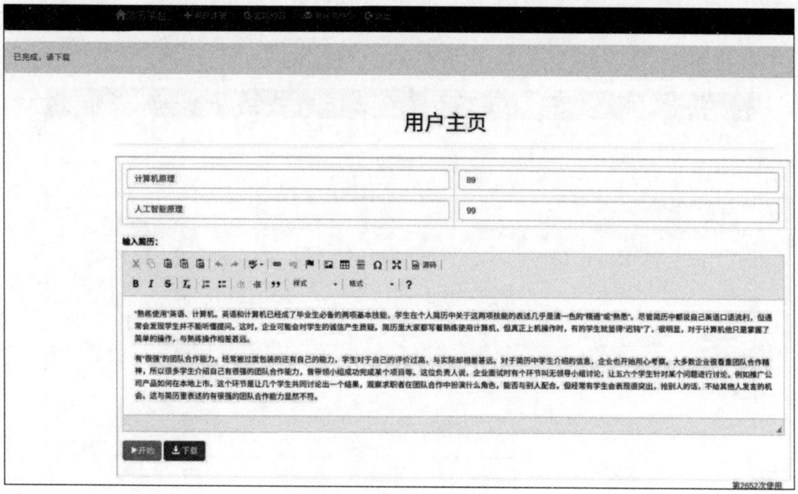

图 1-9 "下载"按钮

在图 1-9 所示的用户主页，单击"下载"按钮，系统开始下载个人简历 Word 文档。下载完毕之后，浏览器会自动打开下载的 Word 文档，如图 1-10 所示。

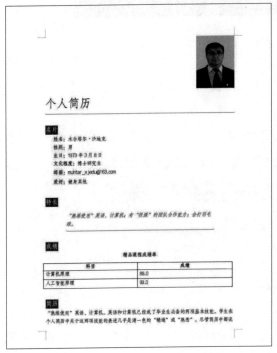 

图 1-10　个人简历 Word 文档

用户可以自行修改图 1-10 所示的个人简历 Word 文档。

接下来回到用户主页，在主菜单中，单击"密码修改"子菜单项，进入密码修改页面，如图 1-11 所示。

图 1-11　密码修改页面

在图 1-11 所示的密码修改页面，输入邮箱、原密码、新密码和确认新密码，单击"修改"按钮，可对用户密码进行修改。如果输入的信息有效、准确，系统会用新密码替换后台数据库中的原密码，并转到用户登录页面（因为我们在前面登录系统时，选择了"记住我"复选框，系统已把用户账号信息写入 cookie，这次系统自动转到用户登录页面时，由于 cookie 里已有该用户账号信息，因此系统不再停留在用户登录页面，而直接打开用户主页），在用户主页顶部显示"密码修改成功"提示信息，如图 1-12 所示。

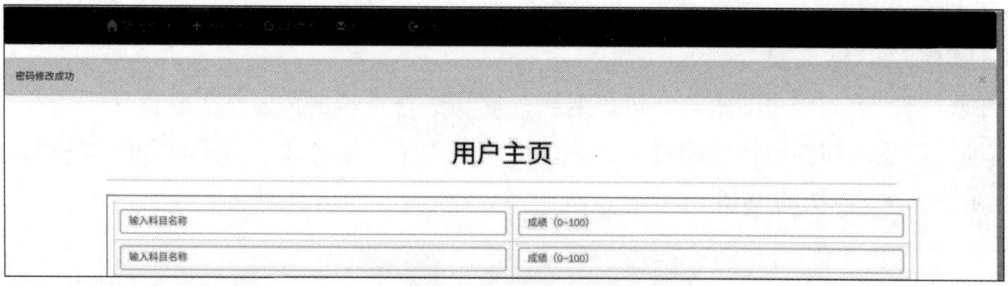

图 1-12　密码修改成功

在图 1-12 所示的用户主页，单击主菜单上的"发送邮件"子菜单项，进入发送初始密码邮件页面，如图 1-13 所示。

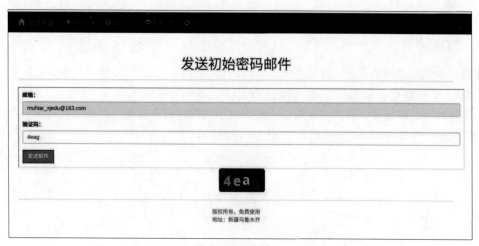

图 1-13　发送初始密码邮件页面

在图 1-13 所示的发送初始密码邮件页面，输入用户邮箱和验证码，单击"发送邮件"按钮，系统会给该用户邮箱发送初始密码。如果输入的邮箱和验证码有效、准确，系统将用初始密码（123456）替换后台数据库中的用户原密码，向该用户邮箱发送初始密码，转到密码修改页面，在页面顶部显示"邮件已发送"提示信息，提示用户修改初始密码，如图 1-14 所示。

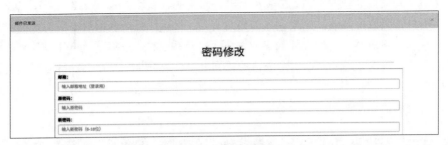

图 1-14　邮件已发送

打开浏览器，进入用户的邮箱，可以看到"简历平台"给用户发送的邮件（因为我们注册的用户邮箱地址和系统邮件服务器配置的邮箱地址是同一个地址，所以这里看到的发件人地址和收件人地址是同一个），如图 1-15 所示。

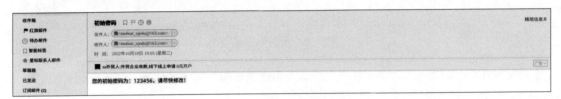

图 1-15　收到的初始密码邮件

1.1.3　管理功能

管理功能包括管理员登录、管理主页（管理功能的核心，包括用户信息的编辑、审核、删除等功能）、密码初始化、系统初始化、照片相册、安全退出等模块。

因为管理功能需具备管理员权限的用户方可登录使用，所以首先登录超级管理员页面，将用户设为管理员。打开管理员登录页面，如图 1-16 所示。

图 1-16　管理员登录页面

在图 1-16 所示的管理员登录页面，输入超级管理员邮箱 super@super.com 和超级管理员密码

123456，单击"管理员登录"按钮，显示超级管理员页面，如图1-17所示。

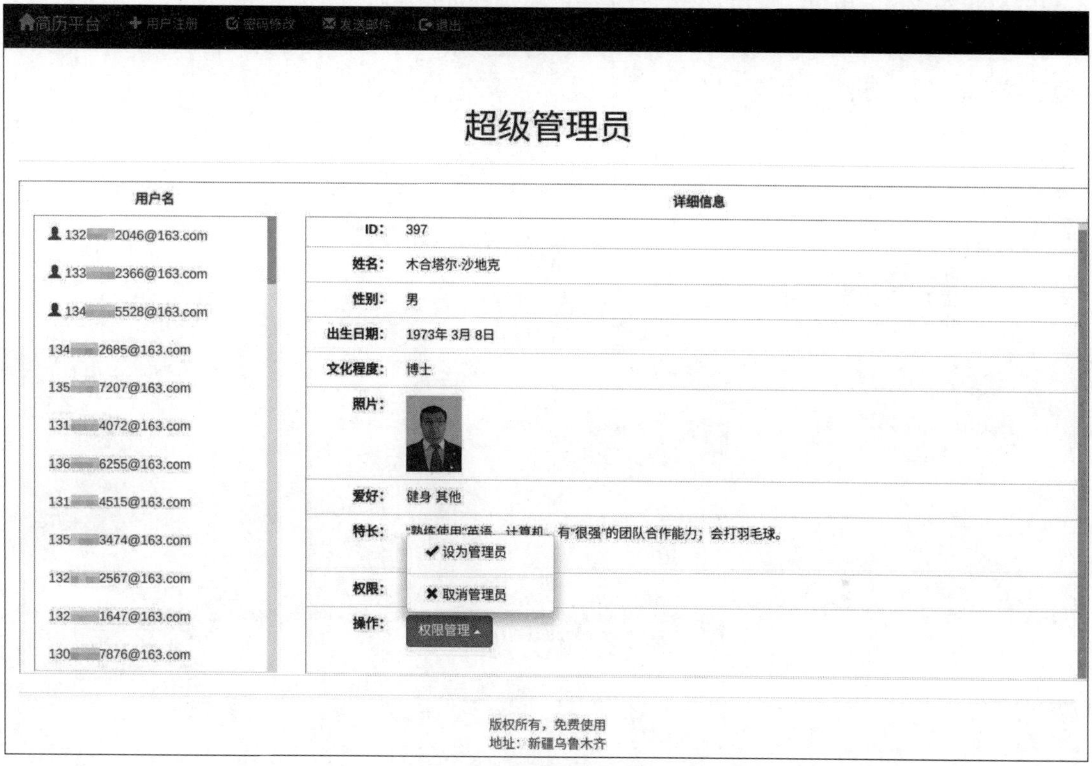

图 1-17　超级管理员页面

在图1-17所示的超级管理员页面，在左边的用户名列表中，单击将被设为管理员的用户，然后在右边的"详细信息"栏，单击"权限管理"按钮，显示下拉菜单，选择"设为管理员"子菜单项。这时该用户的权限从"不是管理员"立即变为"管理员"，同时在左边的用户名列表上，该用户名前显示小图标，这表明该用户是管理员。单击主菜单上的"退出"按钮，退出超级管理员页面。

打开管理员登录页面，输入刚才设置成管理员的用户邮箱和密码（不要选择"登录Flask-Admin后台"复选框），单击"管理员登录"按钮。如果输入的用户邮箱、密码有效，系统会判断该用户IP地址是否在被允许访问管理主页的IP地址范围之内，如果在，则从后台数据库读取该用户信息，并判断其邮箱和密码是否正确、该用户是否为管理员，如果均为是，则进入管理主页，如图1-18所示。

在图1-18所示的管理主页我们会看到，页面顶部有主菜单，在主菜单上有"管理主页""照片相册""密码初始化""系统初始化""退出"等子菜单项。通过这些子菜单项可以打开相应的功能模块。在管理主页中的工具栏上有下三角按钮（单击后，可从弹出的下拉列表中选择字段名称)、关键词输入框、"搜索"按钮、"取消"按钮和"删除"按钮。通过这些工具可以按照用户名或审核状态,进行用户信息搜索,并对搜索结果进行批量删除操作。在"操作"列(表格最右一列)上有"编辑""审核""删除"等按钮组。通过按钮组可对相应的用户信息进行编辑、审核(通过或不通过)、删除等操作。

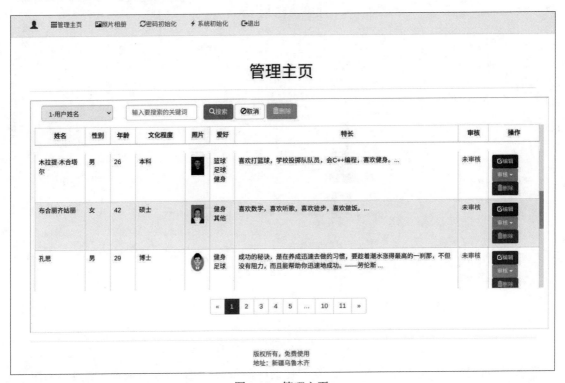

图1-18　管理主页

在图1-18所示的管理主页的工具栏上,单击下三角按钮,从弹出的下拉列表中选择"2-审核状态",在关键词输入框中输入"通过",单击"搜索"按钮,可搜索已审核通过的所有用户信息。单击工具栏上的"删除"按钮,则显示"请确认"对话框,其中显示"确定删除吗?"提示信息,如图1-19所示。

图1-19　"请确认"对话框

在图1-19所示的对话框中,如果单击"删除"按钮,系统将删除所有搜索出来的用户信息(即所有已审核通过的用户信息),并在管理主页顶部显示"删除成功"提示信息;如果单击"取消"按钮,系统将关闭对话框不执行任何操作。单击工具栏上的"取消"按钮,系统会取消搜索结果,显示所有用户信息。

在图 1-18 所示的管理主页的"操作"列,单击某用户对应的"编辑"按钮,显示该用户的信息编辑页面,如图 1-20 所示。在信息编辑页面我们可以对用户信息进行编辑,完成以后单击"修改"按钮,系统会以修改的内容覆盖后台数据库中的原信息,返回管理主页,显示"修改成功"提示信息。

图 1-20 信息编辑页面

在图 1-18 所示的管理主页的"操作"列,单击某用户对应的"审核"按钮,弹出下拉菜单,其子菜单项有"通过"和"不通过",选择相应的子菜单项对该用户进行相应的操作,如图 1-21 所示。

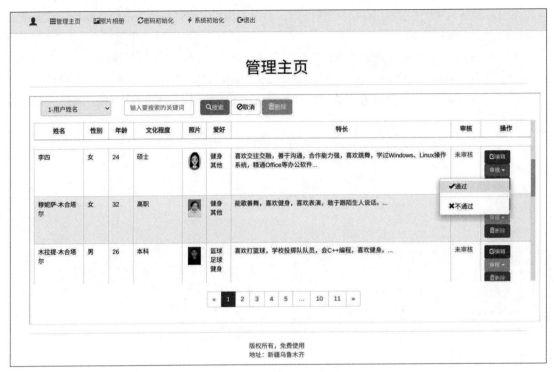

图 1-21 "审核"按钮下的子菜单项

类似地，在图 1-18 所示的管理主页的"操作"列，单击某用户对应的"删除"按钮，弹出删除确认对话框，如图 1-22 所示。单击"确定"按钮，则删除该用户信息，返回管理主页显示"删除成功"提示信息。

到目前为止，我们已把管理主页的基本功能都了解完了。下面了解主菜单中其他子菜单项的功能。在图 1-18 所示的管理主页，单击主菜单上的"照片相册"子菜单项，显示照片相册页面，如图 1-23 所示，照片相册的主要功能是集中显示所有用户的照片。

图 1-22　删除确认对话框

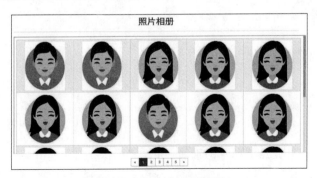

图 1-23　照片相册页面

在图1-18所示的管理主页,单击主菜单上的"密码初始化"子菜单项,显示密码初始化页面。在密码初始化页面,输入要初始化密码的用户邮箱,单击"密码初始化"按钮,系统会把该用户的密码初始化为"123456"并显示"×××的初始密码为:123456"提示信息,如图1-24所示。

图1-24　密码初始化页面

在图1-18所示的管理主页,单击主菜单上的"系统初始化"子菜单项,显示系统初始化页面,如图1-25所示。在系统初始化页面,选择"删除用户文件"和"数据库初始化"复选框(或任选一个),单击"系统初始化"按钮,系统将会删除用户产生的所有文件和后台数据库所有用户的(除管理员外)信息,然后返回管理员登录页面并显示"系统初始化成功"提示信息。

图1-25　系统初始化页面

在图1-16所示的管理员登录页面,输入管理员邮箱和密码,单击"管理员登录"按钮,系统将转到用户注册页面,显示"没有用户注册"提示信息(因为刚才我们对系统进行了初始化操作,后台数据库没有任何已注册的用户),提示注册用户后再登录,如图1-26所示。

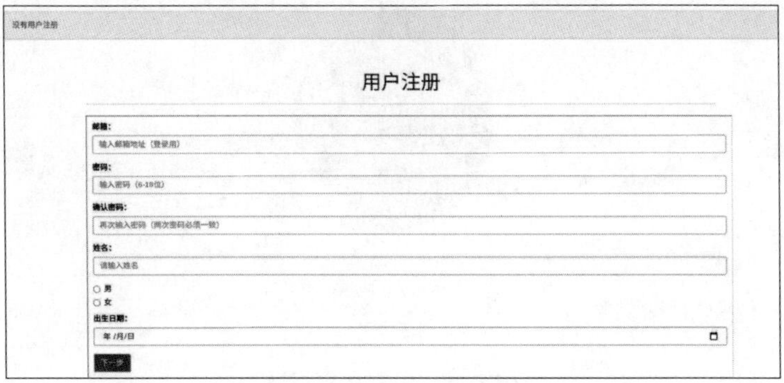

图1-26　用户注册页面

在图 1-26 所示的用户注册页面，注册一个新用户，然后登录超级管理员页面，将刚才注册的用户设置为管理员，重新登录管理主页，如图 1-18 所示，单击主菜单上的"退出"按钮。这时系统返回用户登录页面（而不是管理员登录页面）并显示"您已安全退出"提示信息，如图 1-27 所示。出现这种情况的原因是管理主页与用户主页共用同一个退出视图。

图 1-27　安全退出

1.1.4　数据分析与可视化

数据分析与可视化功能不需要用户登录（完全对外开放），主要功能是生成饼图、极坐标系、柱状图、折线图、散点图、雷达图、K 线图、箱形图、漏斗图、词云图等常用的交互式动态可视化图形。为了让数据分析与可视化功能达到预期的效果，请先运行模拟数据生成程序（附录 A），批量生成（或自行注册一定数量的）用户信息。

在用户登录页面中单击"可视化"按钮，即可打开可视化主页面，如图 1-28 所示。

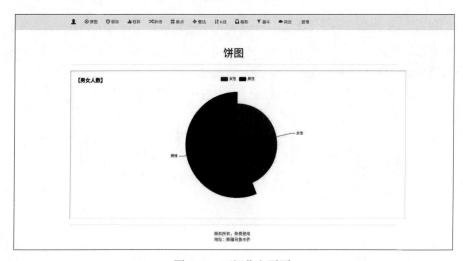

图 1-28　可视化主页面

从图 1-28 中我们可以看到，可视化主页面主菜单上有所有可视化视图的子菜单项，单击任一子菜单项即可打开相应的交互式动态可视化页面。单击主菜单上的"登录"子菜单项，系统转到用户登录页面，因为这里我们同样调用了用户退出视图函数。

单击图 1-28 所示页面主菜单上的"极标"子菜单项，打开极坐标系交互式动态可视化页面，如图 1-29 所示。

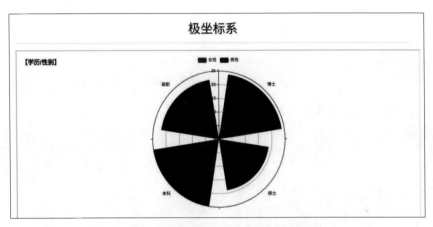

图 1-29 极坐标系交互式动态可视化页面

单击图 1-28 所示页面主菜单上的"柱状"子菜单项，打开柱状图交互式动态可视化页面，如图 1-30 所示。

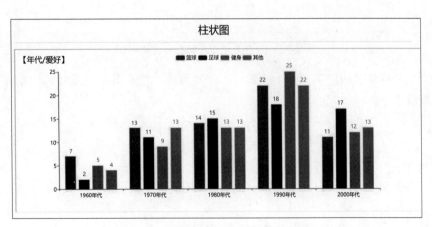

图 1-30 柱状图交互式动态可视化页面

（注：横坐标关于年代的规范表示应为 20 世纪 90 年代等，本书仅为代码中表示方便。）

单击图 1-28 所示页面主菜单上的"折线"子菜单项，打开折线图交互式动态可视化页面，如图 1-31 所示。

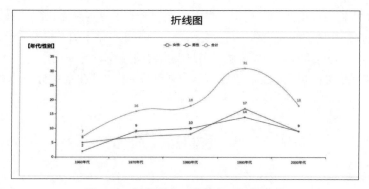

图 1-31　折线图交互式动态可视化页面

单击图 1-28 所示页面主菜单上的"散点"子菜单项，打开散点图交互式动态可视化页面，如图 1-32 所示。

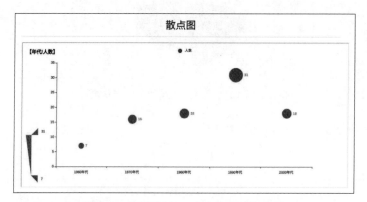

图 1-32　散点图交互式动态可视化页面

单击图 1-28 所示页面主菜单上的"雷达"子菜单项，打开雷达图交互式动态可视化页面，如图 1-33 所示。

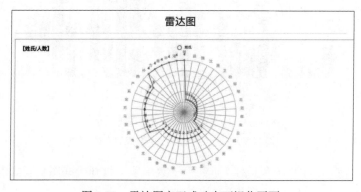

图 1-33　雷达图交互式动态可视化页面

单击图 1-28 所示页面主菜单上的"K 线"子菜单单项,打开 K 线图交互式动态可视化页面,如图 1-34 所示。

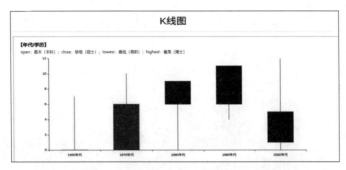

图 1-34　K 线图交互式动态可视化页面

单击图 1-28 所示页面主菜单上的"箱形"子菜单单项,打开箱形图交互式动态可视化页面,如图 1-35 所示。

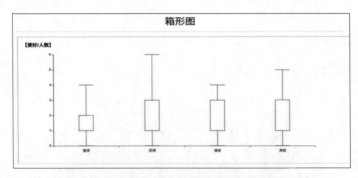

图 1-35　箱形图交互式动态可视化页面

单击图 1-28 所示页面主菜单上的"漏斗"子菜单单项,打开漏斗图交互式动态可视化页面,如图 1-36 所示。

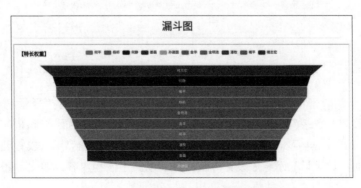

图 1-36　漏斗图交互式动态可视化页面

单击图 1-28 所示页面主菜单上的"词云"子菜单项,打开词云图(字符云)交互式动态可视化页面,如图 1-37 所示。

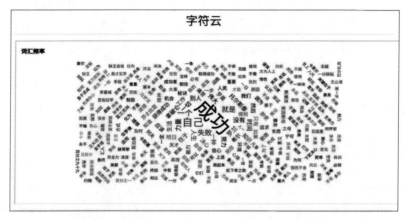

图 1-37　词云图(字符云)交互式动态可视化页面

1.1.5　数据库管理

打开管理员登录页面,如图 1-38 所示。

图 1-38　管理员登录页面

在图 1-38 所示的管理员登录页面,输入管理员邮箱和密码,选择"登录 Flask-Admin 后台"复选框,单击"管理员登录"按钮,就进入 Flask-Admin 后台管理页面,如图 1-39 所示。

在图 1-39 所示的 Flask-Admin 后台管理页面,单击主菜单上的"用户表管理"子菜单项,打开用户表管理页面,这里只显示程序设计时被允许显示的字段和内容,如图 1-40 所示。

图 1-39　Flask-Admin 后台管理页面

图 1-40　用户表管理页面

在图 1-40 所示的用户表管理页面，单击"查看记录"按钮（小眼睛图标），可查看用户所有信息的详情，如图 1-41 所示。

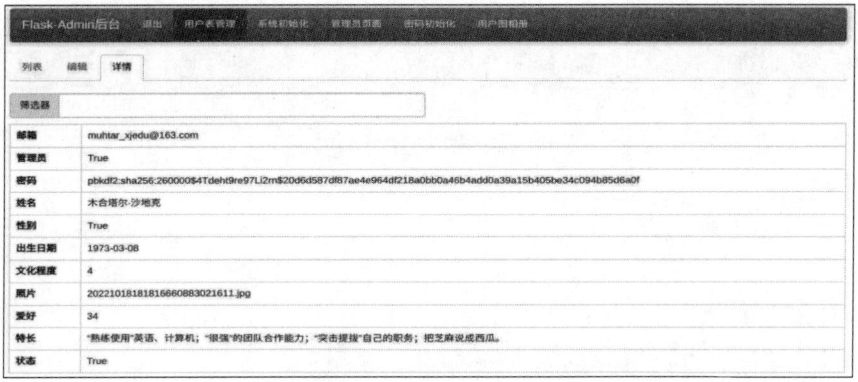

图 1-41　用户信息详情

在图 1-40 所示的用户表管理页面，单击"编辑记录"按钮（小铅笔图标），可对用户信息中在程序设计时被允许编辑的字段进行编辑，如图 1-42 所示。

图 1-42　编辑用户信息

在图 1-42 中我们可以看到，文化程度字段以下拉列表形式显示（单击字段后的下三角按钮可打开下拉列表），这也是我们在程序设计时提前设计好的。这里对用户信息进行修改后，单击"保存"按钮，系统将会保存修改后的用户信息并返回用户表管理页面，显示"保存记录成功"提示信息。对用户信息进行修改后，单击"保存并继续编辑"按钮，系统将会保存修改后的用户信息并在该页顶部显示"保存记录成功"提示信息。如果单击"取消"按钮，则返回用户表管理页面。

在图 1-40 所示的用户表管理页面，单击"删除记录"按钮（小垃圾桶图标），会显示"你打算删除这条记录？"提示框，在提示框中单击"确定"按钮可删除 1 条用户信息，如图 1-43 所示。

图 1-43　删除提示框

删除成功后，会显示"1 记录被成功删除。"提示信息，如图 1-44 所示。

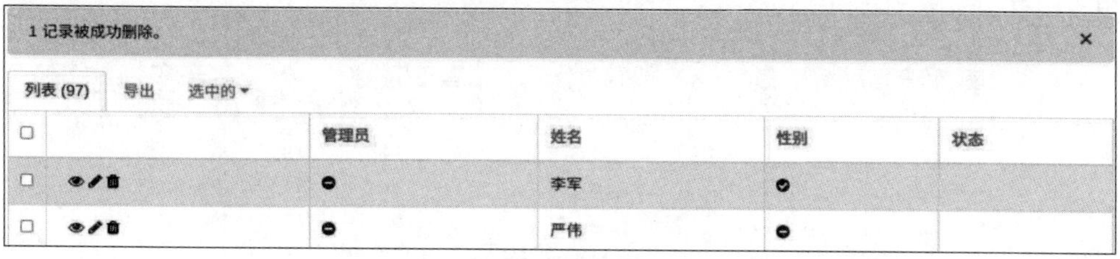

图 1-44　删除成功提示

如果要删除多条用户信息，在图 1-40 所示的用户表管理页面，选择要删除的多条用户记录（选择最左边的记录复选框），单击"选中的"后的下三角按钮，在打开的下拉菜单中选择"删除"子菜单项，如图 1-45 所示。

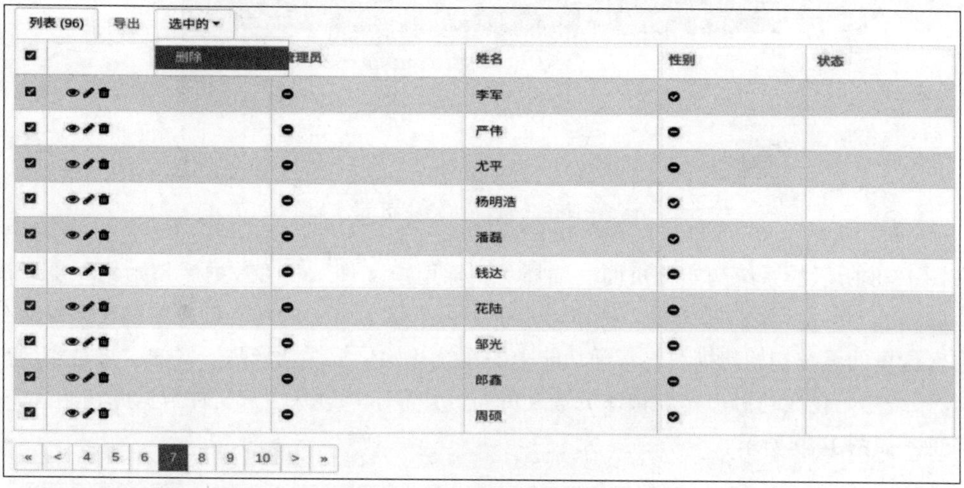

图 1-45　删除多条用户记录

在显示的"你打算要删除这些选中的记录吗？"删除提示框中，单击"确定"按钮，可删除选中的多条用户信息。删除成功后，显示"10 记录被成功删除。"提示信息（这里我们选择了 10 条用户记录），如图 1-46 所示。

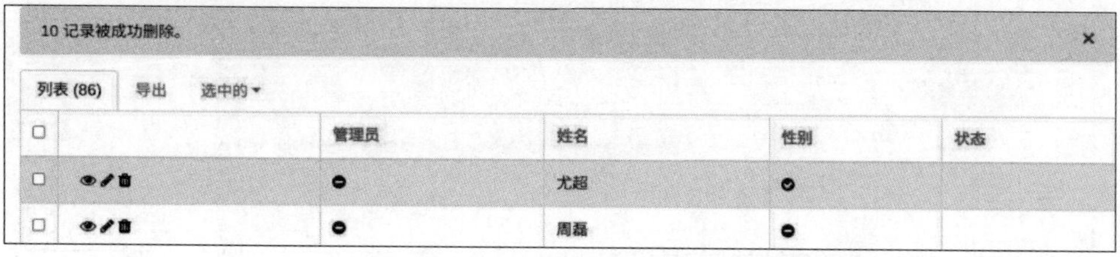

图 1-46　成功删除多条用户记录

在图 1-40 所示的用户表管理页面，单击"导出"按钮（在"列表"旁），以 CSV 格式导出所有用户信息，如图 1-47 所示。

图 1-47 导出用户信息（"特长"列的部分文字以名言代之）

在图 1-40 所示的用户表管理页面，单击主菜单上的"系统初始化"子菜单项，会显示系统初始化页面，如图 1-48 所示。

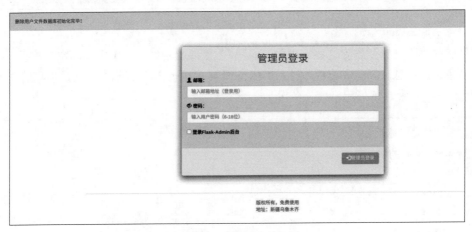

图 1-48 系统初始化页面

在图 1-48 所示的系统初始化页面，选择"删除用户文件"和"数据库初始化"复选框（也可任选其一），单击"系统初始化"按钮，系统将会删除用户生成的所有文件和数据库所有用户的信息（这里的系统初始化模块与管理功能中的系统初始化模块功能是一样的，只是实现方式不一样）。系统初始化成功后，转到管理员登录页面，并显示"删除用户文件数据库初始化完毕！"提示信息，如图 1-49 所示。

图 1-49 系统初始化完毕

在图 1-48 所示的页面，单击主菜单上的“管理员页面”子菜单项，打开管理员主页，如图 1-50 所示。

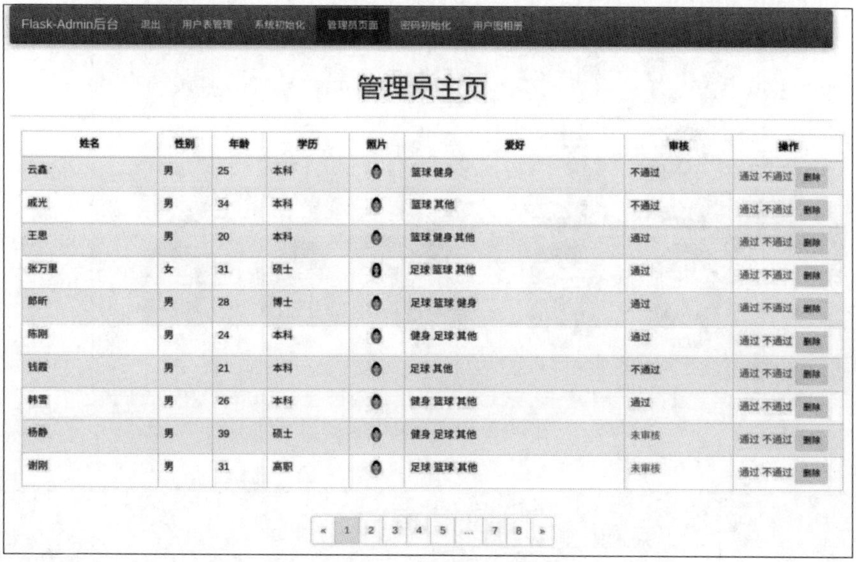

姓名	性别	年龄	学历	照片	爱好	审核	操作
云鑫	男	25	本科		篮球 健身	不通过	通过 不通过 删除
戚光	男	34	本科		篮球 其他	不通过	通过 不通过 删除
王思	男	20	本科		篮球 健身 其他	通过	通过 不通过 删除
张万里	女	31	硕士		足球 篮球 其他	通过	通过 不通过 删除
郎昕	男	28	博士		足球 篮球 健身	通过	通过 不通过 删除
陈刚	男	24	本科		健身 足球 其他	通过	通过 不通过 删除
钱霞	男	21	本科		足球 其他	不通过	通过 不通过 删除
韩雷	男	26	本科		健身 篮球 其他	通过	通过 不通过 删除
杨静	男	39	硕士		健身 足球 其他	未审核	通过 不通过 删除
谢刚	男	31	高职		足球 篮球 其他	未审核	通过 不通过 删除

图 1-50　管理员主页

在图 1-50 所示的页面，可以对用户进行审核通过、审核不通过和删除等操作。

在图 1-50 所示的页面，单击主菜单上的“密码初始化”子菜单项，打开密码初始化页面，如图 1-51 所示。

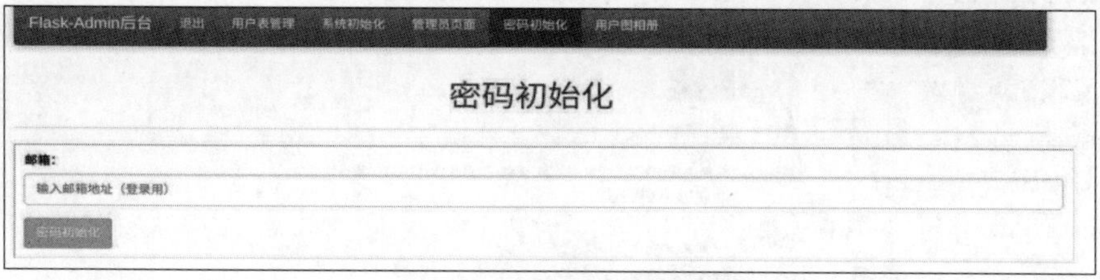

图 1-51　密码初始化页面

在密码初始化页面，输入要初始化密码的用户邮箱，单击“密码初始化”按钮，即可对该用户密码进行初始化，初始化后的密码为“123456”。

在图 1-51 所示的页面，单击主菜单上的“用户图相册”子菜单项，打开用户图相册页面，如图 1-52 所示。

在图 1-49 所示的管理员登录页面，输入超级管理员邮箱（默认为 super@super.com）、超级管理员密码（默认为 123456），单击“管理员登录”按钮，登录超级管理员页面，如图 1-53 所示。

图 1-52　用户图相册页面

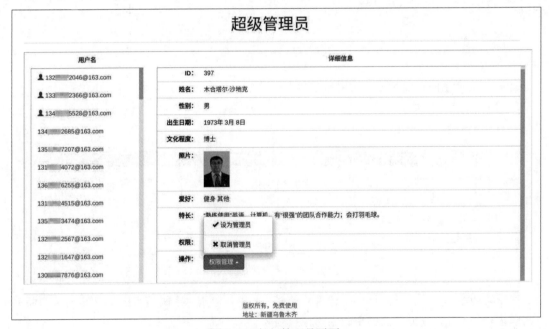

图 1-53　超级管理员页面

从图 1-53 可以看到，单击操作旁边的"权限管理"按钮，显示下拉菜单，子菜单项有"设为管理员"和"取消管理员"，选择相应的子菜单项可进行相应的操作。只有被设置为管理员的用户才能登录管理主页，对用户信息进行编辑、审核和删除操作；只有审核通过的用户才能登录用户主页，进行简历生成操作。

1.2 涉及的技术知识点

1.2.1 统信UOS

统信软件基于 Linux 内核、采用同源异构技术打造操作系统统信 UOS，它同时支持 4 种 CPU（Central Processing Unit，中央处理器）架构（AMD64、ARM64、LoongArch、SW64）、六大国产 CPU 平台（鲲鹏、龙芯、申威、海光、兆芯、飞腾）及 Intel/AMD 的主流 CPU，提供高效简洁的人机交互界面、美观易用的桌面应用、安全稳定的系统服务，是真正可用和好用的自主操作系统。

统信 UOS 服务器版主要面向我国电子办公、教育、金融、能源等领域，着重满足企业级用户在信息化基础建设过程中，对服务端基础设施的安装部署、运行维护、应用支撑等需求。

1.2.2 Python

Python 提供了高效的高级数据结构、简单有效的面向对象编程。Python 的语法、动态类型和解释型语言的本质，使它成为多数平台上写脚本和快速开发应用的编程语言。

Python 解释器易于扩展，具有丰富的标准库，提供了适用于各个主要系统的源码或机器码。

在 2021 年 10 月的 TIOBE 排行榜上，Python 被评为最受欢迎的编程语言，20 年来首次位列 Java、C 和 JavaScript 之上。自 Python 语言诞生之初（20 世纪 90 年代初）至 2022 年，它已被逐渐应用于系统管理任务的处理和 Web 编程。

1.2.3 Flask

Flask 是一个轻量级的可定制框架，使用 Python 语言编写，较其他同类型框架更为灵活、轻便、安全且容易上手。它可以很好地结合 MVC（Model-View-Controller，模型 - 视图 - 控制器）模式，使得小型团队在短时间内就可以实现功能丰富的中小型网站或 Web 服务。其强大的插件库可以让用户实现个性化的网站定制，开发出功能强大的网站。

Flask 是目前十分流行的 Web 框架，程序员可以使用 Python 语言快速实现一个网站或 Web 服务。Flask 主要包括 Werkzeug 和 Jinja2 两个核心函数库，它们分别提供业务处理和安全方面的功能，为 Web 项目开发提供了丰富的基础组件。

1.2.4 Bootstrap

Bootstrap 是基于 HTML、CSS、JavaScript 开发的简洁、直观、"强悍"的响应式前端开发框架，使得 Web 开发更加快捷。在 Bootstrap 中建立一个页面，就可以在 3 个终端（PC 端、平板计算机端、手机端）上完美展示。

1.2.5 jQuery

jQuery 是一个快速、简洁的 JavaScript 框架，它封装 JavaScript 常用的功能代码，提供一种简便的 JavaScript 设计模式，优化 HTML 文档操作、事件处理、动画设计和 AJAX 交互。jQuery 具有高效、灵活的 CSS 选择器，并且可对 CSS 选择器进行扩展，具有与 CSS 语法相似的选择器，几乎兼容所有主流浏览器。

jQuery 有丰富多彩的插件，且简单、易学，是开发网站等复杂度较低的 Web 应用的首选 JavaScript 框架。

1.2.6 CSS

CSS（Cascading Style Sheets，串联样式表）不仅可以静态地修饰网页，还可以配合各种脚本语言动态地对网页各元素进行格式化，能够对网页中元素的位置进行像素级精确控制，支持几乎所有的字体、字号、样式，拥有对网页对象和模型样式进行编辑的能力。

1.2.7 HTML 文件

一个网页对应多个 HTML（Hypertext Markup Language，超文本标记语言）文件，HTML 文件以 .htm 或 .html 为扩展名（其中 .htm 是因为之前的文件系统只支持最多 3 位扩展名）。可以使用任何能够生成 TXT 类型源文件的文本编辑器来编写 HTML 文件，只用修改文件扩展名即可。标准的 HTML 文件都具有一个基本的整体结构，标签一般都是成对出现的（部分标签除外）。

1.2.8 Tornado

Tornado 全称为 Tornado Web Server，是一个用 Python 语言写成的 Web 服务器兼 Web 应用框架。作为 Web 服务器，Tornado 有较为出色的抗负载能力，常被用作大型站点的接口服务框架。Tornado 框架和服务器一起组成一个 WSGI（Web Server Gateway Interface，Web 服务器网关接口）的全栈替代品。单独在 WSGI 容器中使用 Tornado 框架或者 Tornado HTTP 服务器有一定的局限性，为了最大化地发挥 Tornado 的性能，推荐同时使用 Tornado 框架和 Tornado HTTP 服务器。

1.2.9 Gunicorn

Gunicorn（Green Unicorn）是一个 UNIX 下的 WSGI HTTP（Hypertext Transfer Protocol，超文本传送协议）服务器，是一个移植自 Ruby 的 Unicorn（一个基于 Python 的线程模型）项目的 pre-fork（提前创建进程）模型。它既支持 eventlet，也支持 greenlet（greenlet 是 Python 众多协程实现技术中的一种，eventlet 是基于 greenlet 实现的）。

在管理 worker 时，Gunicorn 使用了 pre-fork 模型，即一个 master 进程管理多个 worker 进程，所有请求和响应均由 worker 处理。master 进程是一个简单的 loop（可重复执行的代码段），监听

worker 不同进程的信号并且做出响应。比如接收 TTIN 信号增加 worker 数量、接收 TTOU 信号减少运行 worker 数量。如果 worker 无响应，发出 CHLD（CHLD 为 child 的缩写）信号，则重启失败的 worker，同步的 worker 一次处理一个请求。Gunicorn 服务器与各种 Web 框架兼容性较好，执行简单，资源消耗低，响应迅速。

1.2.10　Sublime Text

　　Sublime Text 是一个文本编辑器（一款收费软件，但可以无限期试用），同时也是一个先进的代码编辑器。Sublime Text 的主要功能包括拼写检查、书签、完整的 Python API（Application Program Interface，应用程序接口）、Goto 功能、即时项目切换、多选择、多窗口等。Sublime Text 是一个跨平台的编辑器，同时支持 Windows、Linux、macOS 等操作系统。

　　本书用 Sublime Text 作为 Python 代码编辑器，因为它几乎不需要进行任何配置，界面简洁，操作方便，不需要创建项目直接打开文件夹即可开始编辑，最重要的是可无限期试用。

1.2.11　SQLite

　　SQLite 是一款轻型的数据库，它是针对嵌入式设备设计的，而且已经在很多嵌入式产品中得到使用。它占用的资源非常少，在嵌入式设备中，可能只需要几百 KB 的内存就够了。它支持 Windows、Linux、UNIX 等主流的操作系统，同时能够与很多程序语言相结合，如 Tcl、C#、PHP、Java 等，还有 ODBC（Open Database Connectivity，开放式数据库互连）接口。与 MySQL、PostgreSQL 这两款开源的数据库管理系统相比，它的处理速度更快。

　　SQLite 引擎不是与程序通信的独立进程，而是连接到程序中成为程序的一个主要部分，所以主要是在编程语言内的直接 API 调用。这在减少消耗总量、缩短延迟时间和实现整体简单性上有积极的作用。整个数据库（定义、表、索引和数据本身）都在宿主机上存储在一个单一的文件中。

1.2.12　MySQL

　　MySQL 是很好的关系数据库管理系统（Relational Database Management System，RDBMS）应用软件之一。由于其体积小、速度快、总体成本低，而且开源，因此一般中小型网站和大型网站的开发都选择 MySQL 作为网站数据库。

　　与其他大型数据库相比，如 Oracle、DB2、SQL Server 等，MySQL 有它的不足之处，但是这丝毫没有降低它的受欢迎程度。而且由于 MySQL 是开源软件，因此可以大大降低总体成本。

1.2.13　MariaDB

　　MariaDB 数据库管理系统是 MySQL 的一个分支。MariaDB 完全兼容 MySQL，包括 API 和命令行，使之能轻松成为 MySQL 的替代品。在存储引擎方面，MariaDB 使用 XtraDB 来代替 MySQL 的 InnoDB。MariaDB 由 MySQL 的创始人迈克尔·维德纽斯（Michael Widenius）主导开发，MariaDB 这一名称来自迈克尔女儿的名字"Maria"。

1.2.14 Navicat

Navicat 是一套可创建多个连接的数据库管理工具，用以方便管理 MySQL、Oracle、PostgreSQL、SQLite、SQL Server、MariaDB 和 MongoDB 等不同类型的数据库。Navicat 的功能足以满足专业开发人员的所有需求，并且对数据库服务器初学者来说既简单又易操作。

1.3 本章小结

本章首先介绍了 Web 应用程序的开发过程，然后详细介绍了"简历平台"目录结构和各模块（用户功能、管理功能、数据分析与可视化、数据库管理）的功能和界面，最后简要介绍了本书涉及的技术知识点。

第 2 章
搭建环境

2.1 开发环境

本项目开发的硬件环境为华为擎云 L410 笔记本计算机，处理器为 HUAWEI Kirin 990 @2.861GHz，内存 8GB；操作系统为统信 UOS 桌面操作系统专业版（64 位，版本号 20）。安装统信 UOS 的笔记本计算机或台式计算机均可作为本项目的开发环境。

统信 UOS 默认安装 Python 3，版本为 Python 3.7.3，在终端输入 python3 并执行可查看版本信息：

```
$ python3
Python 3.7.3 (default, Aug 26 2020, 21:26:28)
[GCC 8.3.0] on linux
Type "help", "copyright", "credits" or "license" for more information.
>>> exit()
```

2.2 进入"开发者模式"

进入"开发者模式"后可以获得 root（根用户）使用权限，从而可以安装和运行非商店签名应用，但同时也可能导致系统的完整性遭到破坏，请谨慎使用。

单击"启动器→控制中心→通用"打开"控制中心"窗口。在"控制中心"窗口中单击"开发者模式"按钮，再单击"进入开发者模式"按钮，如图 2-1 所示。

在图 2-2 所示的"控制中心 <2>"对话框中，选择"在线激活"（默认），单击"下一步"按钮。

在图 2-3 所示的"Union ID"对话框中，输入用户名和密码（若没有，可免费注册一个），选择"我已阅读并同意《统信账号使用协议》和《隐私政策》"复选框，单击"登录"按钮。

在图 2-4 所示的"开发者模式免责声明"对话框中，选择"同意并进入开发者模式"复选框，单击"确定"按钮。

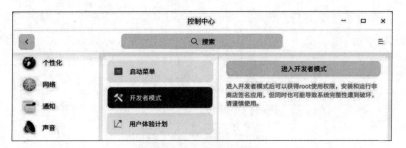

图 2-1 "控制中心"窗口

图 2-2 "控制中心 <2>"对话框

图 2-3 "Union ID"对话框

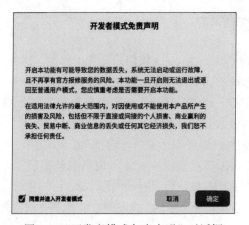

图 2-4 "开发者模式免责声明"对话框

在图 2-5 所示的"控制中心 <2>"对话框中,单击"现在重启"按钮。重启计算机后,系统进入开发者模式。

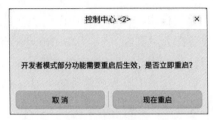

图 2-5 重启提示

2.3 安装pip

pip 是一个 Python 包安装与管理工具。Python 中的库分为标准库和第三方库,第三方库需要安装后才能使用,这时就需要使用 pip 中的 install 操作。install 操作有很多参数,更新包也是 install 操作,更新 pip 本身可以使用命令"python3 -m pip install --upgrade pip"。当需要卸载某个包时,可以使用 uninstall 操作,可使用 list 查看已经安装了哪些包,通过可选参数,还能找到哪些包是过时的。要了解 pip 的更多功能,请通过 help 查看,或查阅官方文档。

在统信 UOS 终端,执行以下命令下载 pip:

```
$ curl https://bootstrap.pypa.io/get-pip.py -o get-pip.py
```

在统信 UOS 终端,执行以下命令安装 pip,看到 Successfully installed 字样就表示安装成功(中间的提示省略):

```
$ python3 get-pip.py
...
Successfully installed pip-22.0.3
```

2.4 安装Sublime Text

Sublime Text 是一个跨平台的编辑器,同时支持 Windows、Linux、macOS 等主流操作系统。Sublime Text 的安装非常简单,从官网下载适用于用户系统的安装包(本书下载的是适用于 Linux ARM 的版本 sublime-text_build-4126_arm64.deb),在文件管理器中双击安装包即可安装。安装完 Sublime Text 后将其打开,单击"Help"菜单下的"About Sublime Text"可看到安装的 Sublime Text 版本信息,如图 2-6 所示。

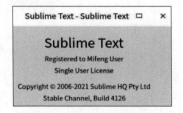

图 2-6 Sublime Text 版本信息

2.5 安装DB Browser for SQLite

SQLite 是性能强大的轻型关系数据库,一个数据库由一个单一文件构成,使用十分广泛,几乎所有需要存储数据的嵌入式设备都会用到 SQLite。DB Browser for SQLite 是一个高品质、可视化、开源的工具,用于创建、设计和编辑 SQLite 兼容的数据库文件。它适用于希望创建数据库、检索和编辑数据的用户与开发人员。它采用了我们熟悉的类似电子表格的界面,用户不需要学习复杂的 SQL 命令即可轻松使用。

在统信 UOS 应用商店有 DB Browser for SQLite 的安装程序,可直接安装,如图 2-7 所示。

图 2-7　DB Browser for SQLite 的安装程序

2.6 本章小结

本章详细介绍了在统信 UOS 系统上搭建开发环境的知识,主要包括进入开发者模式,以及安装 pip、Sublime Text、DB Browser for SQLite。

第 3 章

用户功能实现

本章实现用户功能,包括用户注册、用户登录、用户主页(用户功能的核心)、密码修改、发送邮件等模块。用户功能相关模块和页面在 1.1.2 小节中已有介绍,本章介绍如何具体实现。

下面先简单回顾一下各模块的主要功能。

(1)用户注册。在用户登录页面,单击"注册"按钮(或单击主菜单上的"用户注册"子菜单项),进入用户注册页面,分成用户注册页面 1 和用户注册页面 2。

- 在用户注册页面 1,输入用户邮箱、密码、确认密码、姓名和出生日期等信息,并选择性别,单击"下一步"按钮。如果输入的内容有效,则进入用户注册页面 2。
- 在用户注册页面 2,选择文化程度、照片、爱好(按住 **Ctrl** 键可多选),并输入特长信息,单击"注册"按钮。

如果输入的内容有效,系统将把用户注册页面 1 和用户注册页面 2 的信息写入后台数据库 User 表中,并转到用户登录页面,显示"注册成功"提示信息。

注意:只有审核通过的用户方可登录用户主页使用用户功能,因为在这一章还没有实现用户管理功能,所以只能人工操作后台数据库 User 表,改变审核(verify)字段值为 1 来完成审核,如图 3-1 所示。

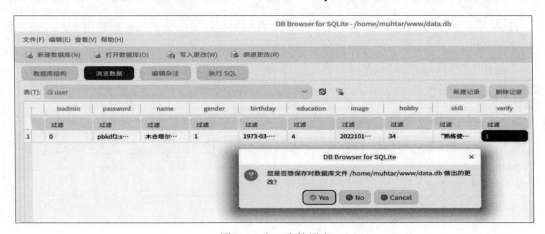

图 3-1 人工审核用户

（2）用户登录。回到用户登录页面，输入刚才人工审核通过的用户邮箱、密码和验证码，选择"记住我"复选框（选择"记住我"复选框，系统将会把用户账号信息写入 cookie 里，我们再次打开用户登录页面时，不用输入邮箱和密码就可以直接进入用户主页），单击"登录"按钮。如果输入的用户邮箱、密码和验证码有效且正确，则登录成功。

（3）用户主页。在登录后进入的用户主页中，输入课程名称、成绩和简历等信息，单击"开始"按钮。如果输入的内容有效，系统将会开始生成个人简历 Word 文档。生成完个人简历 Word 文档之后，在用户主页顶部显示"已完成，请下载"提示信息，并在"开始"按钮旁显示"下载"按钮。单击"下载"按钮，系统开始下载个人简历 Word 文档；下载完毕之后，浏览器会自动打开下载的 Word 文档。用户可以自行修改个人简历 Word 文档。

（4）密码修改。在用户主页的主菜单中，单击"密码修改"子菜单项，进入密码修改页面。在密码修改页面，输入邮箱、原密码、新密码和确认新密码，单击"修改"按钮。如果输入的信息有效且准确，系统会用新密码替换后台数据库中的原密码，并转到用户登录页面，在用户主页顶部显示"密码修改成功"提示信息。

（5）发送邮件。在用户主页单击主菜单上的"发送邮件"子菜单项，进入发送初始密码邮件页面，输入用户邮箱和验证码，单击"发送邮件"按钮。如果输入的邮箱和验证码有效且准确，系统将会用初始密码（123456）替换后台数据库中的用户原密码，向该用户邮箱发送初始密码，转到密码修改页面，在页面顶部显示"邮件已发送"提示信息，提示用户修改初始密码。

3.1 创建Web应用

3.1.1 安装Flask框架

Flask 是一个使用 Python 编写的轻量级 Web 应用框架。其 WSGI 工具箱使用 Werkzeug，模板引擎则使用 Jinja2。

在统信 UOS 终端，执行以下命令安装 Flask，看到 Successfully installed 字样就表示安装成功：

```
$ python3 -m pip install flask
...
Successfully installed Jinja2-3.1.2 MarkupSafe-2.1.1 Werkzeug-2.1.2 click-8.1.3
flask-2.1.2 importlib-metadata-4.11.4 itsdangerous-2.1.2 typing-extensions-4.2.0
zipp-3.8.0
```

我们可以看到一并安装的包有：
- Jinja2-3.1.2；
- MarkupSafe-2.1.1；
- Werkzeug-2.1.2；
- click-8.1.3；
- flask-2.1.2；
- importlib-metadata-4.11.4；
- itsdangerous-2.1.3；
- typing-extensions-4.2.0；
- zipp-3.8.0。

Python 在安装包时可能会报错——Read timed out。出现这种错误的原因是安装的 Python 包文件需要访问国外的服务器，访问速度很慢，从而造成超时。解决方法是设置一下超时时间：python3 -m pip --default-timeout=100 install <要安装的库文件名>。

3.1.2 创建 Web 应用框架

启动统信 UOS 文件管理器，在主目录下创建 www 文件夹；用统信 UOS 启动器启动 Sublime Text，新建文件（选择"File → New File"），以 app.py 为名存放在 www 下（本书所有 Python 代码均在该文件中编写）；在 app.py 文件中写入以下代码：

```
from flask import Flask
app = Flask(__name__)
###代码区###
if __name__ == "__main__": app.run(debug = True)
```

这个项目的 Web 应用框架非常简单，由 3 行代码组成，第一行从 flask 导入 Flask 模块用于创建 Flask 应用，第二行调用 Flask 创建 app 应用实例，第三行以 debug 模式运行应用实例（生产系统不需要这一行代码）。本书后续的所有 Python 代码均写在第二行和第三行之间的"代码区"里。

Pythonic 代码揭秘

```
if __name__ == "__main__": app.run(debug = True)
if __name__ == "__main__":
    app.run(debug = True)
```

3.2 创建数据库过程

3.2.1 安装相关模块

1. Flask-SQLAlchemy

Flask-SQLAlchemy 是一个为 Flask 应用增加 SQLAlchemy 支持的扩展，它致力于简化在 Flask 中 SQLAlchemy 的使用。SQLAlchemy 是目前 Python 中最强大的 ORM（Object Relational Mapping，对象关系映射）框架之一，功能全面，使用简单。

在统信 UOS 终端，执行以下命令安装 Flask-SQLAlchemy，看到 Successfully installed 字样就表示安装成功：

```
$ python3 -m pip install flask-sqlalchemy
...
Successfully installed SQLAlchemy-1.4.39 flask-sqlalchemy-2.5.1 greenlet-1.1.2
```

我们可以看到一并安装的包有：

- SQLAlchemy-1.4.39；
- flask-sqlalchemy-2.5.1；
- greenlet-1.1.2。

2. Flask-Login

在使用 Flask 构建一个 Web 系统时，用户登录是一个必不可少的过程，通常是使用 Flask-Login 实现的。Flask-Login 为 Flask 提供了用户会话管理服务，它可以处理日常的登录、退出，并且能长时间记住用户的会话。

在统信 UOS 终端，执行以下命令安装 Flask-Login，看到 Successfully installed 字样就表示安装成功：

```
$ python3 -m pip install flask-login
...
Successfully installed flask-login-0.6.1
```

3.2.2 数据库设计

该项目的 Web 应用是基于数据库驱动的，所以首先要创建数据库。用 Sublime Text 向 app.py

文件添加以下代码，进行数据库相关配置：

```
import os
basedir = os.path.abspath(app.root_path)
app.config['SQLALCHEMY_DATABASE_URI'] = \
    'sqlite:///' + os.path.join(basedir, 'data.db')
app.config['SQLALCHEMY_TRACK_MODIFICATIONS'] = False
db = SQLAlchemy(app)
```

以上代码的主要说明如下。

首先导入 os 用于获取 Web 应用所在路径。

然后进行数据库相关配置。其中：basedir 参数表示 Web 应用根目录，即 www 目录；SQLALCHEMY_DATABASE_URI 指定数据库存放路径，即将数据库存放在 Web 应用根目录 www 下，数据库文件名为 data.db；为了提高性能，将 SQLALCHEMY_TRACK_MODIFICATIONS 设置为 False 来关闭数据库修改跟踪操作。

最后调用 SQLAlchemy 创建 SQLAlchemy 实例 db。

接下来，定义数据库 User 表模型，用 Sublime Text 向 app.py 文件添加以下代码：

```
from flask_sqlalchemy import SQLAlchemy
from flask_login import UserMixin
class User(db.Model, UserMixin):
    id = db.Column(db.Integer, primary_key = True)
    email = db.Column(db.String) #邮箱
    isadmin = db.Column(db.Boolean, default=False) #是否为管理员
    password = db.Column(db.String) #密码
    name = db.Column(db.String) #姓名
    gender = db.Column(db.Boolean) #性别
    birthday = db.Column(db.Date) #出生日期
    education = db.Column(db.String(1)) #文化程度
    image = db.Column(db.String) #照片
    hobby = db.Column(db.String(4)) #爱好
    skill = db.Column(db.Text) #特长
    verify = db.Column(db.Boolean) #审核状态
```

以上代码的主要说明如下。

首先从 flask_sqlalchemy 导入 SQLAlchemy 用于数据库操作，从 flask_login 导入 UserMixin 用于 User 继承。

然后创建 User 表，User 表继承 db.Model 和 UserMixin。User 表各字段及其数据类型和说明如表 3-1 所示。其中 String(1) 表示长度为 1 的字符串，String(4) 表示长度为 4 的字符串。

表 3-1　User 表各字段及其数据类型和说明

序号	字段名	数据类型	说明
1	id	Integer	主键
2	email	String	邮箱，用于登录账号
3	isadmin	Boolean	是否为管理员
4	password	String	密码
5	name	String	姓名
6	gender	Boolean	性别
7	birthday	Date	出生日期
8	education	String(1)	文化程度
9	image	String	照片
10	hobby	String(4)	爱好
11	skill	Text	特长
12	verify	Boolean	审核状态

3.2.3　创建数据库

启动 Sublime Text，新建文件，文件名为 db.py，存放在 www 下，在 db.py 文件中输入以下代码：

```
from app import db
from app import User
db.create_all()
```

以上代码的主要说明如下。

首先从 app.py 分别导入 db 数据库模型和 User 表模型。

然后在同一个文件夹下创建名为 data.db 的数据库文件。

打开统信 UOS 终端，进入 www，执行 python3 db.py 创建数据库（执行完毕后，如果没有显示任何提示信息，表明数据库创建成功）：

```
$ python3 db.py
```

打开统信 UOS 文件管理器，在 www 下我们会看到刚创建的 data.db 数据库文件。打开 DB

Browser for SQLite，选择"文件→打开数据库"，从 www 下选择 data.db 打开，可查看 data.db 数据库的 User 表结构，如图 3-2 所示。

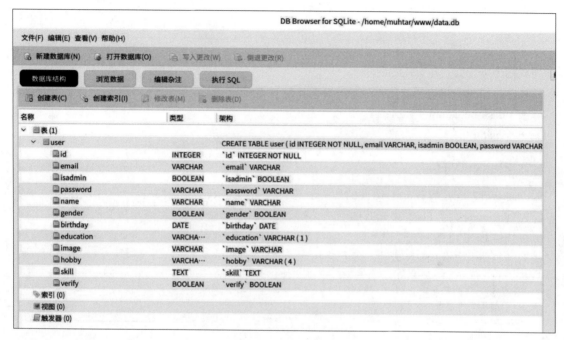

图 3-2　User 表结构

3.3　用户注册

简历平台的第一个模块是用户注册，其主要功能是把用户信息写入服务器后台的数据库（data.db）中，同时将用户照片保存到服务器指定的目录（www/static/image/）中。

3.3.1　安装相关模块

1. Flask-Bootstrap

从用户注册模块开始，我们就用 Bootstrap 来优化用户页面。Bootstrap 是 Twitter 开发的一个开源框架，其提供的用户界面组件可用于创建简洁且具有吸引力的响应式网页。Flask-Bootstrap 是 Bootstrap 的 Flask 扩展。

在统信 UOS 终端，执行以下命令安装 Flask-Bootstrap，看到 Successfully installed 字样就表示安装成功：

```
$ python3 -m pip install flask-bootstrap
...
Successfully installed dominate-2.6.0 flask-bootstrap-3.3.7.1 visitor-0.1.3
```

我们可以看到一并安装的包有：
- dominate-2.6.0；
- flask-bootstrap-3.3.7.1；
- visitor-0.1.3。

2. Flask-WTF

Flask-WTF 是对 WTForms 组件的封装，是 Flask 框架的表单验证模块，可以很方便地生成表单。WTForms 是一个 Flask 集成的框架，或者说是库，用于处理浏览器表单提交的数据。

在统信 UOS 终端，执行以下命令安装 Flask-WTF，看到 Successfully installed 字样就表示安装成功（如果一次没有安装成功，多安装几次一般可以成功）：

```
$ python3 -m pip install flask-wtf
...
Successfully installed WTForms-3.0.1 flask-wtf-1.0.1
```

我们可以看到一并安装的包有：
- WTForms-3.0.1；
- flask-wtf-1.0.1。

3.3.2 表单设计

首先，用 Sublime Text 向 app.py 添加 Bootstrap 相关的配置代码，具体如下：

```
from flask_bootstrap import Bootstrap
#若设置汉字，会报错
app.config['SECRET_KEY'] = 'fahsdjfahdksjfkjdsjhf'
bootstrap = Bootstrap(app)
```

以上代码的主要说明如下。

首先从 flask_bootstrap 导入 Bootstrap 用于创建 Bootstrap 对象实例。

然后设置 SECRET_KEY 密钥（Bootstrap 需要设置这个密钥），将密钥设置成非常复杂、难以破解的英文字符串（若设置汉字，Flask-Login 向 cookie 写入用户账号信息时会报错）。

最后调用 Bootstrap(app) 创建 bootstrap 实例。这样我们的 Web 应用就具备 Bootstrap 样式了。

因为用户注册的信息项较多，为了给用户提供简洁、友好的用户界面，我们分两步实现注册功能。

1. 注册表单 1

用 Sublime Text 向 app.py 添加以下注册表单 1 代码：

```python
from flask_wtf import FlaskForm
from wtforms import StringField, PasswordField, SubmitField, \
    RadioField, BooleanField, DateField
from wtforms.validators import DataRequired, Length, EqualTo, Email
class RegistForm1(FlaskForm):
    email = StringField('邮箱：',
        validators = [DataRequired(), Email('邮箱格式错误')],
        render_kw = {'placeholder': u'输入邮箱地址（登录用）'})
    password = PasswordField('密码：',
        validators = [DataRequired(), Length(6, 18)],
        render_kw = {'placeholder': u'输入密码（6-18位）'})
    confirm = PasswordField('确认密码：',
        validators = [DataRequired(),Length(6, 18),\
        EqualTo('password',"密码不一致")],
        render_kw = {'placeholder': u'再次输入密码（两次密码必须一致）'})
    name = StringField('姓名：',validators = [DataRequired()],
        render_kw = {'placeholder': u'请输入姓名'})
    gender = RadioField('性别：',
        choices = [(1,'男'), (0,'女')], validators = [DataRequired()])
    birthday = DateField('出生日期：')
    submit = SubmitField('下一步',
        render_kw = {"style" : "background:#007bff; color : white;"})
```

以上代码的主要说明如下。

首先从 flask_wtf 导入 FlaskForm 用于创建表单；从 wtforms 导入 StringField 用于创建文本输入框、导入 PasswordField 用于创建密码输入框、导入 SubmitField 用于创建提交按钮、导入 RadioField 用于创建单选按钮、导入 BooleanField 用于创建复选框、导入 DateField 用于创建日期选择框；从 wtforms.validators 导入 DataRequired 用于设定为必填项、导入 Length 用于验证输入框内容长度、导入 EqualTo 用于验证两个输入框中输入的内容是否一致、导入 Email 用于验证邮箱格式。

然后定义 RegistForm1 表单类，其继承 FlaskForm。在 RegistForm1 表单类内，分别定义邮箱输入框（StringField）、密码输入框（PasswordField）、确认密码输入框（PasswordField）、姓名输入框（StringField）、性别单选按钮（RadioField）、出生日期选择框（DateField）、下一步按钮（SubmitField）等组件并设置相关属性。属性中，name 为组件名称，label 为组件标签，validators 为验证器（即对组件内容的有效性进行验证），choices 为指定选项框子选项，render_kw 用于控制组件渲染内容的属性（即把需要添加的属性以键值对的形式写进去）。注册表单 1 各组件及其属性、值如表 3-2 所示。

表 3-2 注册表单 1 各组件及其属性、值

序号	组件	属性	值
1	StringField	name	email
		label	邮箱：
		validators	DataRequired(), Email(' 邮箱格式错误 ')
		render_kw	'placeholder': u' 输入邮箱地址（登录用）'
2	PasswordField	name	password
		label	密码：
		validators	DataRequired(), Length(6, 18)
		render_kw	'placeholder': u' 输入密码（6-18 位）'
3	PasswordField	name	confirm
		label	确认密码：
		validators	DataRequired(), Length(6, 18), EqualTo('password', " 密码不一致 ")
		render_kw	'placeholder': u' 再次输入密码（两次密码必须一致）'
4	StringField	name	name
		label	姓名：
		validators	DataRequired()
		render_kw	'placeholder': u' 请输入姓名 '
5	RadioField	name	gender
		label	性别：
		validators	DataRequired()
		choices	(1, ' 男 '), (0, ' 女 ')

续表

序号	组件	属性	值
6	DateField	name	birthday
		label	出生日期:
7	SubmitField	name	submit
		label	下一步
		render_kw	"style" : "background:#007bff; color : white;"

2. 注册表单 2

用 Sublime Text 向 app.py 添加以下注册表单 2 代码：

```python
from wtforms import SelectField, SelectMultipleField, TextAreaField
from flask_wtf.file import FileRequired, FileAllowed, FileField
class RegistForm2(FlaskForm):
    education = SelectField('文化程度: ',
        choices = [('1', '1-专科'),('2', '2-本科'), \
        ('3', '3-硕士'), ('4', '4-博士')],
        validators = [DataRequired()])
    image = FileField('照片: ',
        validators = [FileRequired(), \
        FileAllowed(['jpeg', 'jpg', 'png', 'gif'],'上传图片')],
        render_kw = {"style" : "width:100%; border: 1px solid; \
        border-color:silver; padding:4px;border-radius:4px;"})
    hobby = SelectMultipleField('爱好: ',
        choices = (('1', '1-篮球'), ('2', '2-足球'), \
        ('3', '3-健身'), ('4', '4-其他')))
    skill = TextAreaField('特长: ', validators = [DataRequired()],
        render_kw={'placeholder': u'输入特长', 'rows': 3})
    submit = SubmitField('注册',
        render_kw = {"style" : "background:#28a745; color : white;"})
```

以上代码的主要说明如下。

首先从 wtforms 导入 SelectField 用于创建下拉单选菜单（或下拉列表）、导入 SelectMultipleField 用于创建列表式多选框（按住 Ctrl 键可多选）、导入 TextAreaField 用于创建文本输入区域框（用于输入特长），从 flask_wtf.file 导入 FileRequired 用于文件必选验证、导入 FileAllowed 用于被允许选择的文件类型、导入 FileField 用于创建文件选择框。

然后定义 RegistForm2 表单类，其继承 FlaskForm。在 RegistForm2 表单类内，分别定义文化程度下拉列表（SelectField）、照片文件选择框（FileField）、爱好列表式多选框（SelectMultipleField）、特长文本输入区域框（TextAreaField）、注册按钮（SubmitField）等组件［因为 FileField 组件不是从 wtforms 导入的，所以其显示样式与其他组件不同，为了使其具有与其他组件一样的样式（圆角灰色等），我们额外用 render_kw 来设置属性］。注册表单 2 各组件及其属性、值如表 3-3 所示。

表 3-3　注册表单 2 各组件及其属性、值

序号	组件	属性	值
1	SelectField	name	education
		label	文化程度：
		validators	DataRequired()
		choices	('1', '1- 专科 '), ('2', '2- 本科 '), ('3', '3- 硕士 '), ('4', '4- 博士 ')
2	FileField	name	image
		label	照片：
		validators	FileRequired(), FileAllowed(['jpeg', 'jpg', 'png', 'gif'], ' 上传图片 ')
		render_kw	"style": "width: 100%; border: 1px solid; border-color: silver; padding: 4px; border-radius: 4px;"
3	SelectMultipleField	name	hobby
		label	爱好：
		choices	('1', '1- 篮球 '), ('2', '2- 足球 '), ('3', '3- 健身 '), ('4', '4- 其他 ')
4	TextAreaField	name	skill
		label	特长：
		validators	DataRequired()
		render_kw	'placeholder': u' 输入特长 ', 'rows': 3
5	SubmitField	name	submit
		label	注册
		render_kw	"style" : "background:#28a745; color : white;"

3.3.3 视图设计

与设计注册表单一样,注册视图也分两步实现(即每个注册表单对应一个注册视图函数)。

1. 注册视图 1

用 Sublime Text 向 app.py 添加以下注册视图 1 代码(对应注册表单 1):

```
from flask import render_template, flash, request, redirect, url_for, session
from werkzeug.security import generate_password_hash
@app.route('/regist1',methods = ['GET','POST'])
def regist1():
    form = RegistForm1()
    if form.validate_on_submit():  #单击"下一步"按钮且表单提交内容有效
        email = form.email.data
        password = generate_password_hash(form.password.data)
        name = form.name.data
        gender = True if form.gender.data == '1' else False
        birthday = form.birthday.data
        session['email'] = email
        session['password'] = password
        session['name'] = name
        session['gender'] = gender
        session['birthday'] = birthday.strftime("%Y-%m-%d")
        return redirect(url_for('regist2'))
    if form.errors: flash(form.errors,'danger')  #若表单提交内容有误
    return render_template("regist.html", form = form)
```

以上代码的主要说明如下。

首先从 flask 导入 render_template 用于渲染模板、导入 flash 用于显示提示信息、通过 request 对象来获取客户端发送的 HTTP 请求的相关信息、导入 redirect 用于重定向页面、导入 url_for 用于指向视图 URL(Uniform Resource Locator,统一资源定位符)地址、导入 session 用于视图之间的会话(视图间传递参数),从 werkzeug.security 导入 generate_password_hash 用于产生 hash 密码。

然后设置视图函数 URL 路径和 GET、POST 方法(如果没有与用户交互数据,不用设置 GET、POST 方法),定义 regist1 视图;在 regist1 内,调用注册表单类 RegistForm1 创建 form 表单实例。

- 如果用户单击"下一步"按钮且表单提交内容有效,则从表单 form 获取邮箱(email)、密码(生成 hash 密码后的 password)、姓名(name)、性别(gender)、出生日期(birthday)等信息,存放到 session 会话中(不是写入数据库,注意向会话写入出生日

期时，调用 birthday.strftime 来进行格式转换），调用 redirect 转向 regist2（下面创建的注册视图 2）。
- 如果表单提交内容有误，则提示错误信息 form.errors。

最后调用 render_template 渲染注册页面模板 regist.html（后面创建）。

Pythonic 代码揭秘

```
gender = True if form.gender.data == '1' else False
if form.gender.data == '1':
    gender = True
else:
    gender = False
```

2. 注册视图 2

用 Sublime Text 向 app.py 添加以下注册视图 2 代码（对应注册表单 2）：

```
from datetime import datetime
@app.route('/regist2',methods = ['GET','POST'])
def regist2():
    form = RegistForm2()
    if form.validate_on_submit(): #单击"注册"按钮且表单提交内容有效
        email = session.get('email')
        password = session.get('password')
        name = session.get('name')
        gender = session.get('gender')
        birthday = \
            datetime.strftime(session.get('birthday') ,'%Y-%m-%d')
        user = User.query.filter_by(email = email).first()
        if user: flash("用户已注册",'warning')
        else:  #用户不存在
            education = form.education.data
            ext = form.image.data.filename.split('.')[1]
            now = datetime.now()
            strnow = now.strftime("%Y%m%d%H%M%s")
            imgname = f'{strnow}.{ext}'
            form.image.data.save('static/image/' + imgname)
            hobby = ''.join(form.hobby.data) #多选框
            skill = form.skill.data
            new = User(email = email, password = password, name = name,
                gender = gender, birthday = birthday,
                education = education, image = imgname,
```

```
                hobby = hobby, skill = skill)
            db.session.add(new)
            db.session.commit()    #提交
            flash('注册成功','success')
            return redirect(url_for('login'))
    if form.errors: flash(form.errors,'danger')
    return render_template("regist.html", form = form)
```

以上代码的主要说明如下。

首先导入 datetime 用于获取当前时间来给用户上传的照片命名。

然后设置注册视图函数 URL 路径和 GET、POST 方法，定义 regist2 视图。在 regist2 内，调用注册表单类 RegistForm2 创建 form 表单实例。

- 如果用户单击"注册"按钮且表单提交内容有效，则从 session 会话中读取注册视图 1 给 session 会话写入的邮箱、密码、姓名、性别、出生日期（注意获取出生日期时调用 datetime.strftime 来进行格式转换）等信息；判断该邮箱地址是否已注册。
  - 如果该邮箱地址已注册，则提示"用户已注册"。
  - 如果该邮箱地址没有注册，则从 form 表单获取文化程度（education）、照片（image）、爱好（hobby）、特长（skill）等信息，获取当前时间和照片扩展名，组合成新的用户照片名称（不使用照片原名，新的照片命名规则是<当前时间>.<源照片扩展名>），将从注册视图1和注册视图2收集到的信息一并写入服务器后台数据库 User 表中，并显示"注册成功"提示信息，调用 redirect 转向登录页面。
- 如果表单提交内容有误，则显示错误信息 form.errors。

最后调用 render_template 渲染注册页面模板 regist.html（注意：注册视图 1 和注册视图 2 共用一个注册页面模板）。

Pythonic 代码揭秘

```
hobby = ''.join(form.hobby.data)
```

```
hobby=''
for h in form.hobby.data:
    hobby += h
```

3.3.4 模板设计

用统信 UOS 文件管理器，在 www 下创建 templates 文件夹；用 Sublime Text，在 templates 下创建 base.html 基模板。具体代码如下：

```
{% block exfile %}{% endblock %}
{% extends "bootstrap/base.html" %}
{% import "bootstrap/wtf.html" as wtf %}
{% block title %}简历平台{% endblock %}
{% block navbar %}{% endblock %}
{% block content %}
<div id="alert">
    {% for message in get_flashed_messages(with_categories = True) %}
        <div class="alert alert-{{ message[0] }} alert-dismissable">
            <button type="button" class="close" data-dismiss="alert"
            aria-hidden="true">&times;</button>
            {{ message[1] }}
        </div>
    {% endfor %}
</div>
<div class="container">{% block page_content %}{% endblock %}</div>
<div class="container">
    {% block footer %}
        <hr/><div class="text-center text-muted">
        版权所有，免费使用<br />地址：新疆乌鲁木齐</div>
    {% endblock %}
</div>
{% endblock %}
```

在 base.html 基模板中，首先用 {% block exfile %} 模块给扩展插件预留位置。

然后分别用 {% extends "bootstrap/base.html" %} 和 {% import "bootstrap/wtf.html" as wtf %} 继承 Bootstrap 基模板和导入 WTForms 模板（用于快速渲染表单），通过 {% block title %} 模块设置页面标题，用 {% block navbar %} 模块给主菜单预留位置。

之后进入 get_flashed_messages 循环读取 flash 发送的信息（因为多个用户会发送 flash 信息）。注意：因为 with_categories 设置为 True，所以用 alert-{{ message[0] }} 来确定提示框类型（flash 函数第二个参数），{{ message[1] }} 是提示信息内容（flash 函数第一个参数）。

接着用 {% block page_content %} 模块预留显示页面内容的位置。

最后用 {% block footer %} 模块显示版权信息等。

用 Sublime Text，在 templates 下创建 regist.html 注册模板，代码如下：

```
{% extends "base.html" %}
{% block page_content %}
<div class="page-header">
    <div align="center"><h1>用户注册</h1></div>
</div>
```

```
<div class="container">
   <div class="row" style='BORDER: 1px inset; padding:10px;'>
      {{ wtf.quick_form(form) }}
   </div>
</div>
{% endblock %}
```

在 regist.html 注册模板，首先用 {% extends "base.html" %} 继承刚才创建的基模板 base.html。然后在 {% block page_content %} 模块内，调用 {{ wtf.quick_form(form) }} 快速渲染 form 表单。

3.3.5 运行结果

用统信 UOS 文件管理器，在 www 下创建 static 文件夹，然后在 static 下创建 image 文件夹以存放用户照片。

打开统信 UOS 终端，进入 www 文件夹，执行 python3 app.py，启动 Flask 自带的服务器（如果服务器已经启动，跳过此步骤）。

```
$ cd www
$ python3 app.py
```

若看到以下信息，表明服务器启动成功。

```
* Serving Flask app 'app' (lazy loading)
* Environment: production
  WARNING: This is a development server. Do not use it in a production deployment.
  Use a production WSGI server instead.
* Debug mode: on
* Running on http://127.0.0.1:5000 (Press CTRL+C to quit)
* Restarting with stat
* Debugger is active!
* Debugger PIN: 796-202-002
```

这是一个开发测试用的服务器，服务器 Debug 模式已开启。Flask 自带的服务器不能用于生产系统，在生产系统上请选用第三方提供的 WSGI 服务器。

我们可以按住 Ctrl 键，单击统信 UOS 终端上显示的 http://127.0.0.1:5000 超链接，启动浏览器并打开 http://127.0.0.1:5000 页面（这时显示"Not Found"错误信息页面，不要着急，因为我们还没有设置 URL 根地址页面，请继续往下阅读），通过 Ctrl+C 组合键退出 Web 服务器。在开启 Debug 模式下，如果代码内容有变动（保存后），服务器会自动检测并重新启动服务器，这给调试程序带来极大的方便。因为注册页面不是 Web 应用根地址，所以我们在浏览器地址栏输入 http://127.0.0.1:5000/regist1 并按 Enter 键，方可访问用户注册页面 1，如图 3-3 所示。

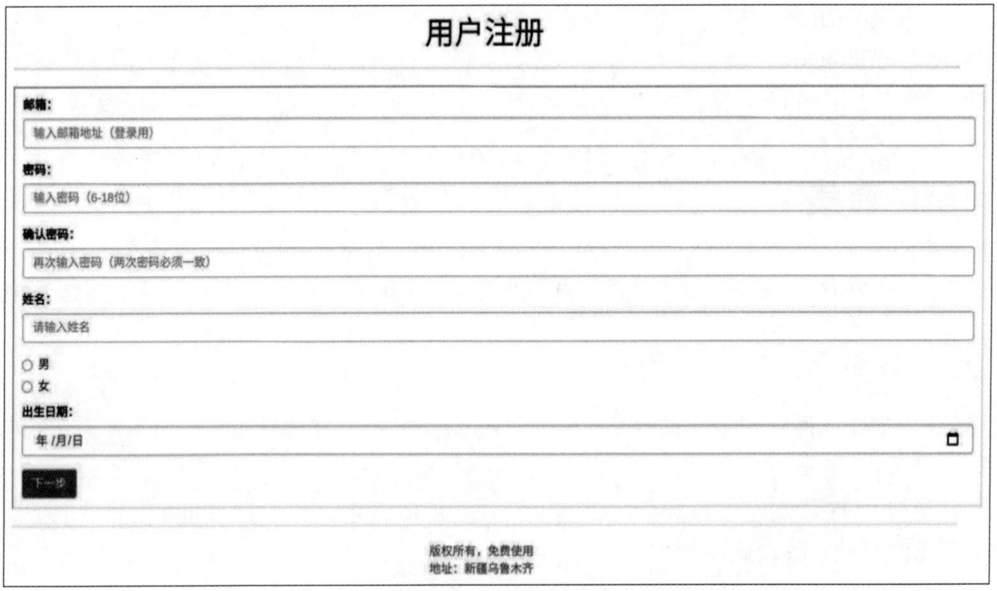

图 3-3　用户注册页面 1

在图 3-3 所示的用户注册页面 1，输入邮箱、密码、确认密码、姓名、出生日期等信息，并选择性别，单击"下一步"按钮。如果输入的信息有效，则进入用户注册页面 2，如图 3-4 所示。

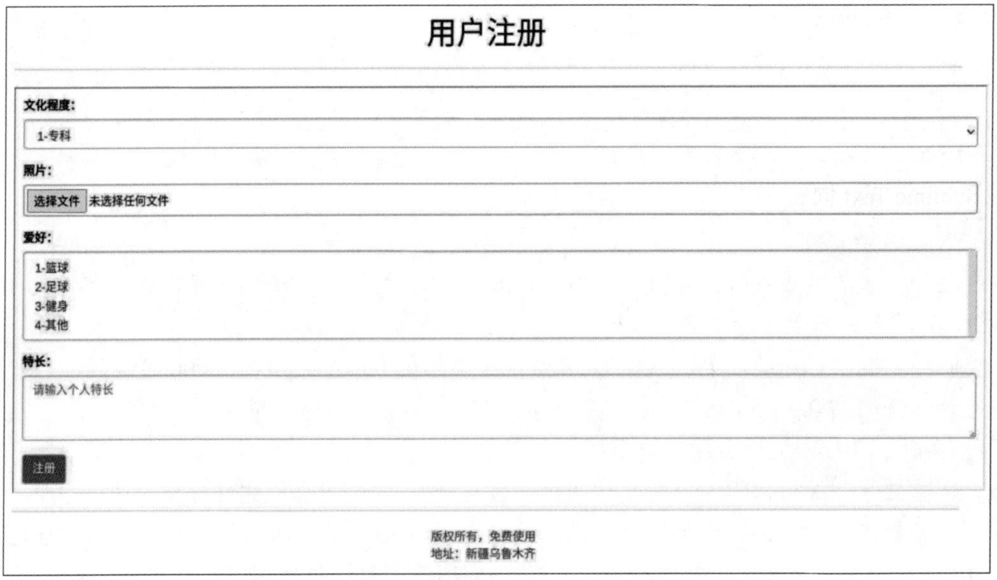

图 3-4　用户注册页面 2

在图 3-4 所示的用户注册页面 2，选择文化程度、照片、爱好，输入特长信息，单击"注册"按钮，显示"Not Found"错误信息页面，表明注册成功（因为我们还没有实现登录页面，所以显示"Not Found"错误信息，提示登录页面找不到）。

3.4 用户登录

用户登录是 Web 应用的重要环节。在前面，我们安装了 flask_login 模块，现在到了 flask_login 真正发挥作用的时候。用 Sublime Text 向 app.py 添加以下代码，对 LoginManager（登录管理器）进行初始化：

```
from flask_login import LoginManager
login_manager = LoginManager()
login_manager.init_app(app)
login_manager.login_view = 'login'  #指定登录视图
login_manager.login_message_category = 'info'  #提示信息类型
login_manager.login_message = u'请先登录！'  #提示信息
```

以上代码的主要说明如下。

首先从 flask_login 导入 LoginManager 用于创建登录管理器。

然后调用 LoginManager 创建登录管理器实例 login_manager；调用登录管理器 login_manager 的 init_app 函数对应用实例进行初始化，用 login_view 指定登录视图为 login（在后面介绍），用 login_message_category 指定 flash 提示信息类型为 info，用 login_message 设置 flash 提示信息内容为"请先登录！"。

3.4.1 表单设计

用 Sublime Text 向 app.py 添加以下代码，创建用户登录表单类：

```
from wtforms.validators import ValidationError
class LoginForm(FlaskForm):
    email = StringField('邮箱：', \
        validators = [DataRequired(), Email('邮箱格式错误')],
        render_kw = {'placeholder': u'输入邮箱地址（登录用）'})
    password = PasswordField('密码：', \
        validators = [DataRequired(), Length(6,18)],
        render_kw = {'placeholder': u'输入用户密码（6-18位）'})
    code = StringField('验证码：', validators = [DataRequired()],
        render_kw = {'placeholder': u'输入验证码（不分大小写），单击可刷新'})
    def validate_code(self, data):
        input_code = data.data
```

```
        code = session.get('valid')
        if input_code.lower() != code.lower():    # 判断输入的验证码
            raise ValidationError('验证码错误')
    remember = BooleanField('记住我')
    submit = SubmitField('登录')
```

以上代码的主要说明如下。

首先从 wtforms.validators 导入 ValidationError 用于显示验证码输入有误提示信息。

然后定义 LoginForm 表单类，其继承 FlaskForm。在表单类 LoginForm 内，定义邮箱输入框（StringField）、密码输入框（PasswordField）、验证码输入框（StringField）、记住我复选框（BooleanField）、登录按钮（SubmitField）和验证函数（validate_code）。在验证函数 validate_code 内，如果用户输入的验证码与系统生成的验证码不同，则用 raise 引发异常显示"验证码错误"提示信息。登录表单各组件及其属性、值如表 3-4 所示。

表 3-4 登录表单各组件及其属性、值

序号	组件	属性	值
1	StringField	name	email
		label	邮箱：
		validators	DataRequired(), Email('邮箱格式错误')
		render_kw	'placeholder': u'输入邮箱地址（登录用）'
2	PasswordField	name	password
		label	密码：
		validators	DataRequired(), Length(6,18)
		render_kw	'placeholder': u'输入用户密码（6-18位）'
3	StringField	name	code
		label	验证码：
		validators	DataRequired()
		render_kw	'placeholder': u'输入验证码（不分大小写），单击可刷新'
4	BooleanField	name	remember
		label	记住我
5	SubmitField	name	submit
		label	登录

Pythonic 代码揭秘

```
if input_code.lower() != code.lower(): raise ValidationError('验证码错误')
```
```
if input_code.lower() != code.lower():
    raise ValidationError('验证码错误')
```

3.4.2 视图设计

我们用 3 个函数来实现登录页面的验证码功能。

1. get_random_color 函数

get_random_color 函数用于随机生成 RGB 颜色。

用 Sublime Text 向 app.py 添加以下代码，定义 get_random_color 函数：

```
import random
def get_random_color():
    return random.randint(0, 255), random.randint(0, 255), random.randint(0, 255)
```

以上代码的主要说明如下。

首先导入 random 模块用于产生随机数。

然后定义 get_random_color 函数，在 get_random_color 函数内，返回调用 3 个 random.randint 函数随机生成的 3 组 0 ～ 255 的整数，表示 RGB（红、绿、蓝）这 3 种颜色。

2. generate_image 函数

generate_image 函数用于生成验证码图片和验证码。

用 Sublime Text 向 app.py 添加以下代码，定义 generate_image 函数：

```
from PIL import Image, ImageFont, ImageDraw, ImageFilter
def generate_image(length):
    image = Image.new('RGB', (120,60), color = get_random_color())
    draw = ImageDraw.Draw(image)
    code = ''
    code_ku = 'abcdefg1234567890ABCDEFG'
    font = ImageFont.truetype("./font/NotoSans-Bold.ttf", size = 35)
    for i in range(length):
        c = random.choice(code_ku)
        code += c
        draw.text((5 + random.randint(4,7) + 25*i, \
            random.randint(4,7)), text = c, \
            fill=get_random_color(), font = font)
```

```
        image = image.filter(ImageFilter.EDGE_ENHANCE)
        return image, code
```

以上代码的主要说明如下。

首先从图像处理库 PIL 导入 Image 用于创建图片对象、导入 ImageFont 用于设置图片字体、导入 ImageDraw 用于画图、导入 ImageFilter 用于图片滤波（本例用于边缘增强）。

然后定义 generate_image 函数，函数输入参数为验证码长度（本例验证码长度设为4）。在 generate_image 函数内，调用 Image.new 创建长度为 120px、高度为 60px 的图片，其颜色调用 get_random_color 随机产生。

而后调用 ImageDraw.Draw 画出图片。

再后定义 code、code_ku、font 等，进入 for 循环，从给定的 code_ku 字符串中随机生成长度为 length 的验证码赋值给 code，调用 draw.text 让验证码在图片的指定位置显示出来，其字体为 font、字号为 35，调用 get_random_color 随机生成验证码字体颜色（每个字符的颜色都不同），调用 image.filter 对图片边缘进行增强。

最后通过 return 返回生成的图片 image 和验证码字符串 code。

3. get_image 函数

get_image 函数用于获取验证码图片。

用 Sublime Text 向 app.py 添加以下代码，定义 get_image 函数：

```
from flask import make_response
from io import BytesIO
@app.route('/image')
def get_image():
    image, code = generate_image(4)
    buffer = BytesIO()
    image.save(buffer, 'jpeg')
    buf_bytes = buffer.getvalue()
    session['valid'] = code
    response = make_response(buf_bytes)
    response.headers['Content-Type'] = 'image/jpeg'
    return response
```

以上代码的主要说明如下。

首先从 flask 导入 make_response 用于定义 response 对象，从 io 导入 BytesIO 用于内存读写。

然后设置函数 URL 路径（该函数在模板中调用，所以要设置 URL 路径）。

之后定义图片获取函数 get_image，在 get_image 函数内，调用 generate_image 函数生成验证码图片 image 和验证码字符串 code，把验证码图片 image 以 JPEG 格式存放到内存缓冲中，把验证码字符串 code 传给 session 会话。

最后通过 return 返回图片对象 response，response 包括内存缓冲中的内容和头部信息。到此验证码生成函数全部定义完毕。

4. load_user 函数

用户管理还需定义 load_user 函数。当视图调用 current_user 时，current_user 自动调用 load_user 函数返回当前用户信息。

用 Sublime Text 向 app.py 添加以下代码，定义 load_user 函数：

```python
#当调用current_user时，自动调用该函数，返回用户信息
@login_manager.user_loader
def load_user(user_id):
    user = User.query.get(int(user_id))
    return user
```

通过 @login_manager.user_loader 装饰器来注册回调函数，通过装饰器指定的函数 load_user 从后台数据库读取 ID 为输入参数 user_id 的用户信息并返回。

5. login 函数

用 Sublime Text 向 app.py 添加以下代码，定义登录视图函数 login：

```python
from flask_login import login_user, current_user
@app.route('/',methods=['GET','POST'])
@app.route('/login',methods=['GET','POST'])
def login():
    if current_user.is_authenticated: #若用户已登录，则直接进入用户主页
        return redirect(url_for('logined'))
    form = LoginForm()
    if form.validate_on_submit(): #若单击"登录"按钮
        email = form.email.data
        password = form.password.data
        remember = form.remember.data
        user = User.query.filter_by(email = email).first()
        if user: #若用户存在
            if check_password_hash(user.password,password):
                if user.verify: #若审核通过
                    login_user(user, remember)
                    return redirect(url_for('logined'))
                else: flash('审核不通过或还未审核','warning')
            else: flash('密码错误','warning')
        else:
```

```
        flash('用户不存在','warning')
        return redirect(url_for('regist1'))
if form.errors: flash(form.errors,'danger')
return render_template("login.html", form = form)
```

以上代码的主要说明如下。

首先从 flask_login 导入 login_user 用于用户登录（如果"记住我"复选框被选上，该函数负责把用户账号信息写入 cookie 里）、导入 current_user 用于获取当前用户信息。

而后设置登录视图函数 URL 路径（本视图设置了两个 URL 路径"/"和"/login"）与表单交互方法 GET 和 POST。

然后定义登录视图函数 login。在 login 内，先用 current_user.is_authenticated 来判断当前用户是否已登录。若已登录，则直接进入用户主页 logined（不用输入邮箱和密码）；若还没有登录，则调用 LoginForm 创建登录表单实例 form。

用户单击"登录"按钮时，用 form.validate_on_submit 来判断表单提交内容的有效性。

- 若表单提交内容有效，则从表单中获取邮箱、密码、记住我等组件的数据，用 User.query.filter_by(email = email).first 查询语句从后台数据库中搜索该邮箱。
  - 如果该邮箱存在，则用 check_password_hash 对比密码是否正确。若密码正确，则判断 user.verify 用户是否已审核通过（只有审核通过的用户方可进入用户主页 logined）。如果用户已审核通过，根据"记住我"复选框的状态，决定是否将用户账号信息写入 cookie 里（如果"记住我"复选框被选上，则 remember 的值为 True，将把用户账号信息写入 cookie 里。如果"记住我"复选框没被选上，则 remember 的值为 False，将不会把用户账号信息写入 cookie 里）；然后调用 redirect 转向用户主页 logined，登录用户主页任务就此完成。
  - 如果该邮箱不存在（用户未审核或审核不通过，或者用户密码有误），则系统禁止该用户登录用户主页，并调用 redirect 转向相应的页面且显示相应的提示信息。
- 如果表单提交内容有误，则用 form.errors 显示错误信息。

最后调用 render_template 渲染登录页面模板 login.html。

Pythonic 代码揭秘

```
if current_user.is_authenticated: return redirect(url_for('logined'))
```
```
if current_user.is_authenticated:
    return redirect(url_for('logined'))
```

Pythonic 代码揭秘

```
if check_password_hash(user.password,password):
    if user.verify:
       login_user(user, remember)
       return redirect(url_for('logined'))
    else: flash('审核不通过或还未审核','warning')
else: flash('密码错误','warning')
```

```
if check_password_hash(user.password,password):
    if user.verify:
        login_user(user, remember)
        return redirect(url_for('logined'))
    else:
        flash('审核不通过或还未审核','warning')
else:
    flash('密码错误','warning')
```

3.4.3 模板设计

用 Sublime Text，在 templates 下创建 login.html 模板，代码如下：

```
{% extends "base.html" %}
{% block page_content %}
<div class="page-header">
    <div align="center"><h1>欢迎您！</h1></div>
</div>
<div class="container">
    <form method="POST">
        {{ form.csrf_token }}
        <div class="modal-dialog">
            <div class="modal-content">
                {% include "login_modal.html" %}
            </div>
        </div>
    </form>
</div>
{% endblock %}
```

登录模板 login.html 继承基模板 base.html，用模态对话框来实现。用 page-header 类设置标题；用 container 类设置 form，方法为 POST。在 form 中，首先用 {{ form.csrf_token }} 开启 CSRF（Cross-Site Request Forgery，跨站请求伪造）校验［它的作用是当我们 get（获取）表单页面时，服务器返回页面的同时会向前端返回一串随机字符，post（提交）时服务器会验证这串字符来确保用户是在服务端返回的表单页面中提交的数据，防止有人通过 jQuery 脚本等向某个 URL 不断提交数据，是一种数据提交的验证机制]；然后设置 modal-dialog 模态对话框。在模态对话框中，用 include（这个关键字的作用是将指定文件中的 HTML 代码复制并粘贴到当前位置）插入 login_modal.html。

用 Sublime Text，在 templates 下创建 login_modal.html 文件，代码如下：

```html
<div class="modal-header bg-success">
    <h2 class="modal-title text-center text-success">
        用户登录<small>v3.0</small>
    </h2>
</div>
<div class="modal-body">
    <div class="form-group">
        <span class="glyphicon glyphicon-user"></span>
        {{ form.email.label }}
        {{ form.email(class='form-control') }}
    </div>
    <div class="form-group">
        <span class="glyphicon glyphicon-eye-close"></span>
        {{ form.password.label }}
        {{ form.password(class='form-control') }}
    </div>
    <div class="form-group">
        <div class="row">
            <div class="col-md-9">
                <span class="glyphicon glyphicon-barcode"></span>
                {{ form.code.label }}
                {{ form.code(class='form-control') }}
            </div>
            <div class="col-md-3">
                <div align="right">
                    <img class='img-rounded'
                        src = "{{ url_for('get_image') }}"
                        title="单击刷新"
                        onclick="this.src =
                            '{{ url_for('get_image') }}?'
                            + Math.random()">
                </div>
            </div>
        </div>
    </div>
    <div class="form-group">
        {{ form.remember() }}{{ form.remember.label }}
    </div>
</div>
```

```html
<div class="modal-footer bg-success">
   <div class="form-group">
     <a class="btn btn-lg" href="/regist1">
        <span class="glyphicon glyphicon-plus"></span>注册
     </a>
     <button name="submit" id="submit"
           type="submit" class="btn btn-success">
        <span class="glyphicon glyphicon-log-in"></span>登录
     </button>
   </div>
</div>
```

以上代码的主要说明如下。

主要包括 modal-header（模态对话框头）、modal-body（模态对话框主体）和 modal-footer（模态对话框脚注）3 个类，其中在 modal-header 内设置"用户登录"，在 modal-body 内设置用户邮箱输入框、密码输入框、验证码输入框、"记住我"复选框和验证码显示框。这里没有采用注册页面那样的快速渲染方式 {{ wtf.quick_form(form) }}，而是自定义表单各组件显示的位置和样式，这样做虽然麻烦一点，但是可以充分利用 Bootstrap 和 jQuery 等设计出漂亮、友好的用户界面。用以下代码来显示验证码并实现单击刷新验证码功能：

```html
<img class='img-rounded' src = "{{ url_for('get_image') }}" title = "单击刷新"
     onclick = "this.src = '{{ url_for('get_image') }}?' + Math.random()">
```

其他组件均以 `<div class="form-group">` 形式呈现，并为了提高辨识度对每个组件设置了不同的字体图标。{{ form.email.label }} 显示邮箱输入框标签，{{ form.email() }} 显示邮箱输入框；{{ form.password.label }} 显示密码输入框标签，{{ form.password() }} 显示密码输入框；{{ form.code.label }} 显示验证码输入框标签，{{ form.code() }} 显示验证码输入框；用 `<div class="col-md-9">` 来设定验证码输入框占 9 个网格，用 `<div class="col-md-3">` 来设定验证码图片占 3 个网格（Bootstrap 让每一行分成 12 个网格来显示内容）；{{ form.remember.label }} 显示"记住我"复选框标签，{{ form.remember() }} 显示"记住我"复选框；在 modal-footer 内设置注册超链接和登录按钮，用 `<button name="submit" ...>`... 登录 `</button>` 显示登录提交按钮，按钮的 name 属性一定要与表单中的 name 属性一致。

3.4.4 运行结果

打开统信 UOS 终端，进入 www 文件夹，执行 python3 app.py 启动 Flask 自带的服务器（如果 Flask 自带的服务器已经启动，则跳过此步骤）。

```
$ cd www
$ python3 app.py
```

打开浏览器，在地址栏输入 127.0.0.1:5000 并按 Enter 键，打开用户登录页面，如图 3-5 所示；或按住 Ctrl 键，单击在统信 UOS 终端中显示的 http://127.0.0.1:5000 超链接，也可打开用户登录页面（因为登录视图有两个 URL 路径，输入 127.0.0.1:5000/login 并按 Enter 键也可以打开）。

图 3-5　用户登录页面

在图 3-5 所示的用户登录页面中，输入邮箱、密码、验证码，单击"登录"按钮，即可登录用户主页（因为用户主页功能还没有实现，目前我们无法测试登录功能，3.5 节将介绍用户主页的实现）。

3.5　用户主页

3.5.1　安装相关模块

1. Flask-CKEditor

CKEditor 是目前最优秀的可见即可得网页编辑器之一，它采用 JavaScript 编写，具备功能强大、配置容易、跨浏览器、支持多种编程语言、开源等特点。它非常流行，在互联网上很容易找到相关技术文档，国内许多 Web 项目和大型网站均采用了 CKEditor。

在统信 UOS 终端，执行以下命令安装 Flask-CKEditor，看到 Successfully installed 字样就表示安装成功：

```
$ python3 -m pip install flask-ckeditor
...
Successfully installed flask-ckeditor-0.4.6
```

2. Python-Docx

Python-Docx 可用于创建和编辑 Word（.docx）文档。

在统信 UOS 终端，执行以下命令安装 Python-Docx，看到 Successfully installed 字样就表示安装成功：

```
$ python3 -m pip install python-docx
...
Successfully installed lxml-4.8.0 python-docx-0.8.11
```

我们可以看到一并安装的包有：
- lxml-4.8.0；
- python-docx-0.8.11。

3. Jieba

Jieba 是优秀的中文分词第三方库。中文文本需要通过分词获得单个词语，分词的原理：利用一个中文词库，确定汉字之间的关联概率，关联概率大的汉字组成词组，形成分词结果。除了分词，用户还可以添加自定义的词组。

在统信 UOS 终端，执行以下命令安装 Jieba，看到 Successfully installed 字样就表示安装成功：

```
$ python3 -m pip install jieba
...
Successfully installed jieba-0.42.1
```

4. WordCloud

WordCloud 是基于 Python 的词云展示第三方库。词云图可对文本中出现频率较高的关键词予以视觉化的展现。词云图能过滤掉大量的低频、低质的文本信息，使得浏览者只要一眼扫过文本就可知晓文本的主旨。

在统信 UOS 终端，执行以下命令安装 WordCloud，看到 Successfully installed 字样就表示安装成功：

```
$ python3 -m pip install wordcloud
...
Successfully installed wordcloud-1.8.2.2
```

如果安装不成功，将提示如下错误信息：

```
...
× Encountered error while trying to install package.
 ╰─> wordcloud

note: This is an issue with the package mentioned above, not pip.
hint: See above for output from the failure.
```

如果提示以上错误信息，先以超级管理员身份安装 aptitude，然后安装 WordCloud 就可以了。

安装 aptitude，在统信 UOS 终端执行以下命令，输入系统登录密码，在第一个解决方案（保持当前版本）后输入 n（不接受），在第二个解决方案（降级软件包）后输入 y（接受）继续：

```
$ sudo apt-get install aptitude
请验证指纹或输入密码
[sudo] muhtar 的密码：
验证成功
...
下列动作将解决这些依赖关系：

保持  下列软件包及其当前版本：
1)      libpython3.7-dev [未安装的]
2)      python3.7-dev [未安装的]


是否接受该解决方案？[Y/n/q/?] n
下列动作将解决这些依赖关系：

降级  下列软件包：
1)      libpython3.7 [3.7.3.2-1+dde (now) -> 3.7.3.1-2+deb10u2 (<NULL>)]
2)      libpython3.7-minimal [3.7.3.2-1+dde (now) -> 3.7.3.1-2+deb10u2 (<NULL>)]
3)      libpython3.7-stdlib [3.7.3.2-1+dde (now) -> 3.7.3.1-2+deb10u2 (<NULL>)]
4)      python3.7 [3.7.3.2-1+dde (now) -> 3.7.3.1-2+deb10u2 (<NULL>)]
5)      python3.7-minimal [3.7.3.2-1+dde (now) -> 3.7.3.1-2+deb10u2 (<NULL>)]


是否接受该解决方案？[Y/n/q/?] y
下列软件包将被"降级"：
...
您要继续吗？[Y/n/?] y
....
正在处理用于 man-db (2.8.5-2) 的触发器 ...
正在设置 python3.7-dev (3.7.3.1-2+deb10u2) ...
```

再次执行以下命令安装 WordCloud 就能成功：

```
python3 -m pip install wordcloud
...
Successfully installed wordcloud-1.8.2.2
```

5. Matplotlib

Matplotlib 是一个 Python 绘图库，是非常强大的 Python 画图工具，可以绘制折线图、散点图、等高线图、条形图、柱状图、3D 图形甚至是图形动画等。

在统信 UOS 终端，执行以下命令安装 Matplotlib，看到 Successfully installed 字样就表示安装成功：

```
$ python3 -m pip install matplotlib
...
Successfully installed cycler-0.11.0 fonttools-4.36.0 kiwisolver-1.4.4 matplotlib-3.5.3 packaging-21.3 pillow-9.2.0 pyparsing-3.0.9 python-dateutil-2.8.2
```

我们可以看到一并安装的包有：
- cycler-0.11.0；
- fonttools-4.36.0；
- kiwisolver-1.4.4；
- matplotlib-3.5.3；
- packaging-21.3；
- pillow-9.2.0；
- pyparsing-3.0.9；
- python-dateutil-2.8.2。

6. CKEditor 插件

因为用户主页使用 CKEditor 可视化 HTML 编辑器来实现输入简历功能，所以需要登录 CKEditor 官网，下载 CKEditor 插件，如图 3-6 所示。

图 3-6　下载 CKEditor

下载完成后，把 CKEditor 压缩包解压到 static/ckeditor 下，如图 3-7 所示。

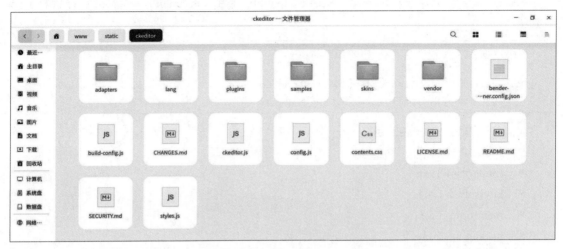

图 3-7　解压后的 CKEditor 插件

3.5.2　表单设计

要在 Flask 中使用 CKEditor，需要用 Sublime Text 在 app.py 里对 CKEditor 进行初始化，代码如下：

```
from flask_ckeditor import CKEditor, CKEditorField
ckeditor = CKEditor(app)
app.config['CKEDITOR_SERVE_LOCAL'] = True
app.config['CKEDITOR_ENABLE_CSRF'] = True
```

以上代码的主要说明如下。

首先从 flask_ckeditor 导入 CKEditor 用于创建 CKEditor 对象实例、导入 CKEditorField 用于创建 CKEditor 组件。

然后分别将 CKEDITOR_SERVE_LOCAL（从本地调用组件插件）和 CKEDITOR_ENABLE_CSRF（允许 CSRF 检查）设置为 True。

用户主页表单是提供给用户输入科目名称、成绩和个人简历信息的界面。用 Sublime Text 向 app.py 添加以下代码，定义用户主页表单类：

```
from wtforms.validators import NumberRange
from wtforms import FloatField
from flask_ckeditor import CKEditorField
class LoginedForm(FlaskForm):
    course1 = StringField('科目: ', validators = [DataRequired()],
```

```
        render_kw = {'placeholder': u'输入科目名称'})
    course2 = StringField('科目: ', validators = [DataRequired()],
        render_kw = {'placeholder': u'输入科目名称'})
    score1 = FloatField('成绩: ',           #只允许0~100的数字
        validators = [DataRequired(), NumberRange(min=0, max=100)],
        render_kw = {'placeholder': u'成绩(0~100)'})
    score2 = FloatField('成绩: ',
        validators = [DataRequired(), NumberRange(min=0, max=100)],
        render_kw = {'placeholder': u'成绩(0~100)'})
    body = CKEditorField('输入简历: ')
    submit = SubmitField('开始')
```

以上代码的主要说明如下。

首先从 wtforms.validators 导入 NumberRange 用于限制成绩输入范围（本例只能输入 0 ~ 100 的数字），从 wtforms 导入 FloatField 用于创建输入浮点型数据的输入框组件（用于成绩输入），从 flask_ckeditor 导入 CKEditorField 用于创建 CKEditor 组件。

然后定义 LoginedForm 表单类，其继承 FlaskForm。在 LoginedForm 表单内，定义 2 个科目名称输入框（StringField）和 2 个成绩输入框（FloatField）组件、1 个 CKEditor 组件（CKEditorField）和 1 个提交按钮（SubmitField）。用户主页表单各组件及其属性、值如表 3-5 所示。

表 3-5　用户主页表单各组件及其属性、值

序号	组件	属性	值
1	StringField	name	course1
		label	科目:
		validators	DataRequired()
		render_kw	'placeholder': u'输入科目名称'
2	StringField	name	course2
		label	科目:
		validators	DataRequired()
		render_kw	'placeholder': u'输入科目名称'
3	FloatField	name	score1
		label	成绩:
		validators	DataRequired(), NumberRange(min=0, max=100)
		render_kw	'placeholder': u'成绩（0~100）'

续表

序号	组件	属性	值
4	FloatField	name	score2
		label	成绩:
		validators	DataRequired(), NumberRange(min=0, max=100)
		render_kw	'placeholder': u'成绩（0～100）'
5	CKEditorField	name	body
		label	输入简历:
6	SubmitField	name	submit
		label	开始

3.5.3 视图设计

因为用户主页视图代码比较长，我们先把视图功能分成几个模块，分别定义相应的函数；然后在用户主页视图函数中调用这些函数来完成视图功能。

1. addone 函数

addone 函数用于记录访问人数，每次调用此函数，从 .json 文件读取已访问人数，对已访问人数加 1 后，存放到 .json 文件中并返回加 1 后的访问人数。用 Sublime Text 向 app.py 添加以下代码，定义 addone 函数：

```
def addone():
    with open("visit.json", 'r') as f: var = json.load(f)
    visit = var['visit'] + 1
    var = {"visit": visit}
    with open("visit.json", 'w') as f: json.dump(var, f)
    return visit
```

以上代码的主要说明如下。

定义了 addone 函数，在该函数内，打开当前文件夹（www）下的 visit.json 文件，从 .json 文件读取已访问人数 visit，然后给 visit 加 1，把加 1 后的结果写入 .json 文件里并返回加 1 后的访问人数 visit。visit.json 文件内容如图 3-8 所示。

图 3-8　visit.json 文件内容

Pythonic 代码揭秘

```
with open("visit.json", 'r') as f: var = json.load(f)
```
```
with open("visit.json", 'r') as f:
    var = json.load(f)
```

Pythonic 代码揭秘

```
with open("visit.json", 'w') as f: json.dump(var, f)
```
```
with open("visit.json", 'w') as f:
    json.dump(var, f)
```

2. name_card 函数

name_card 函数是名片函数，功能是给目标 docxout 对象添加用户 user 信息。用 Sublime Text 向 app.py 添加以下代码，定义 name_card 函数：

```
def name_card(docxout, user):
    Head = docxout.add_heading('', level=1) #添加1级标题
    run = Head.add_run("名片")
    run.font.color.rgb = RGBColor(255, 255, 255) #设置字体颜色
    run.font.highlight_color = MSO_THEME_COLOR_INDEX.BACKGROUND_1
    #添加基本信息
    par = docxout.add_paragraph('', style='List Bullet')
    run = par.add_run("姓名："); run.bold = True
    run.font.color.rgb = RGBColor(0xff, 0x00 , 0x00)
    run = par.add_run(user.name)
    gender = '男' if user.gender else '女'
    par = docxout.add_paragraph('', style='List Bullet')
    run = par.add_run("性别："); run.bold = True
    run.font.color.rgb = RGBColor(0xff, 0x00 , 0x00)
    run = par.add_run(gender)
    ...
```

以上代码的主要说明如下。

首先用 add_heading('', level=1) 给 docxout 对象添加 1 级标题"名片"，用 run.font.color.rgb 将"名片"的字体颜色设置为白色，用 run.font.highlight_color 设置"名片"的高亮背景颜色为 BACKGROUND_1。

然后用 add_paragraph('', style='List Bullet') 给 docxout 对象添加带项目符号的"姓名："子项（见图 1-10），用 run.bold 将"姓名："的字体设置为黑体，用 run.font.color.rgb 设置"姓名："的字体颜色为红色，用 par.add_run(user.name) 在"姓名："后面添加用户姓名；同样分别用 add_paragraph('', style='List Bullet'）重复添加性别、生日、文化程度、邮箱、爱好等信息（重复代码

部分省略)。

Pythonic 代码揭秘

```
run = par.add_run("姓名："); run.bold = True
run.font.color.rgb=RGBColor(0xff,0x00,0x00);run=par.add_run(user.name)
```

```
run = par.add_run("姓名：")
run.bold = True
run.font.color.rgb = RGBColor(0xff, 0x00 , 0x00)
run = par.add_run(user.name)
```

Pythonic 代码揭秘

```
gender = '男' if user.gender else '女'
```

```
if user.gender:
    gender = '男'
else:
    gender = '女'
```

3. course_table 函数

course_table 函数是成绩单表格函数，功能是向目标 Document 对象添加从 form 表单获得的科目名称和成绩。用 Sublime Text 向 app.py 添加以下代码，定义 course_table 函数：

```
def course_table(docxout,form):
    course1 = form.course1.data; course2 = form.course2.data
    score1 = form.score1.data; score2 = form.score2.data
    Head = docxout.add_heading('', level=1)
    run = Head.add_run("成绩")
    run.font.color.rgb = RGBColor(255, 255, 255)
    run.font.highlight_color = MSO_THEME_COLOR_INDEX.BACKGROUND_1
    paraout = docxout.add_paragraph('', style = 'Body Text')
    paraout.alignment = WD_ALIGN_PARAGRAPH.CENTER
    run = paraout.add_run('精品课程成绩单'); run.bold = True
    run.font.color.rgb = RGBColor(0xff, 0x00 , 0x00)
    table = docxout.add_table(rows = 1, cols = 2)#创建表格(1行2列)
    table.style = 'Table Grid' # 设定表格格式
    #添加表头
    hdr_cells = table.rows[0].cells
    hdr_cells[0].paragraphs[0].add_run('科目').bold = True
    hdr_cells[1].paragraphs[0].add_run('成绩').bold = True
    hdr_cells[0].paragraphs[0].alignment = \
        WD_PARAGRAPH_ALIGNMENT.CENTER #表头内容居中
    hdr_cells[1].paragraphs[0].alignment = \
```

```
        WD_PARAGRAPH_ALIGNMENT.CENTER
#添加表格内容
row_cells = table.add_row().cells
row_cells[0].text = course1; row_cells[1].text = str(score1)
row_cells = table.add_row().cells
row_cells[0].text = course2; row_cells[1].text = str(score2)
```

以上代码的主要说明如下。

首先从 form 表单获取科目名称和成绩。

然后给 docxout 对象添加一级标题"成绩",设置"成绩"的字体颜色和高亮背景颜色(代码说明与 name_card 函数一样),用 add_paragraph('', style = 'Body Text') 设置段落属性,用 paraout.alignment 等将表格标题设置为居中、黑体、红色字体;用 add_table(rows = 1, cols = 2) 创建 1 行 2 列表格,设置表格格式为网格(Table Grid);用 hdr_cells 添加表头,设置表头字体为黑体、居中;用 row_cells 添加表格内容。

Pythonic 代码揭秘

```
row_cells[0].text = course1; row_cells[1].text = str(score1)
```

```
row_cells[0].text = course1
row_cells[1].text = str(score1)
```

4. wordcloud 函数

wordcloud 函数是词云图函数,功能是根据输入的简历生成用户画像。用 Sublime Text 向 app.py 添加以下代码,定义 wordcloud 函数:

```
def wordcloud(docxout, result):
    Head = docxout.add_heading('', level=1)
    run = Head.add_run("画像")
    run.font.color.rgb = RGBColor(255, 255, 255)
    run.font.highlight_color = MSO_THEME_COLOR_INDEX.BACKGROUND_1
    #设定图片字体
    mpl.rcParams['font.sans-serif'] = ['SimHei']
    mpl.rcParams['axes.unicode_minus'] = False
    #设定词云图参数
    wc = WordCloud(
        font_path = './usr/share/fonts/wps-office-fonts/FZSSK.TTF',
        background_color = 'white', #背景颜色
        max_font_size = 166, #最大字号为166
        min_font_size = 6, #最小字号为6
        #背景图片,根据其大小确定词云图大小
        mask = plt.imread('static/sys_Heart.jpg'),
```

```
        max_words = len(result))
#创建词云图
wc.generate(result); wc.to_file('static/img.png')
pic = docxout.add_picture('static/img.png')
pic.width = int(pic.width * 0.70)  #宽度缩小为原来的70%
pic.height = int(pic.height * 0.70)  #高度缩小为原来的70%
docxout.paragraphs[-1].alignment = \
    WD_PARAGRAPH_ALIGNMENT.CENTER  #paragraphs[-1]获取最后一个段落
```

以上代码的主要说明如下。

首先用 add_heading('', level=1) 给 docxout 对象添加一级标题"画像",分别设置字体颜色、高亮背景颜色,用 mpl.rcParams 设定图片字体为黑体。

然后用 WordCloud 定义词云图对象,分别设置词云图字体为 FZSSK.TTF、背景颜色为白色、最大字号为 166、最小字号为 6、背景图片为 sys_Heart.jpg(根据背景图片大小确定词云图大小)和最大词汇数为 len(result) 等。

之后用 generate 创建词云图,以 img.png 文件名存放在 static 文件夹下。

最后把词云图添加到 docxout 对象,设置图片高度和宽度缩小为原图的 70%,用 paragraphs[-1] 定位图片所在段落(文档最后段落)并将其设置为居中。

Pythonic 代码揭秘

```
pic.width = int(pic.width * 0.70); pic.height = int(pic.height * 0.70)
```

```
pic.width = int(pic.width * 0.70)
pic.height = int(pic.height * 0.70)
```

5. 导入相关模块

定义用户主页视图函数之前,先导入相关模块。用 Sublime Text 向 app.py 添加以下代码,导入用户主页视图函数所使用的模块:

```
from docx import Document
from docx.shared import RGBColor
from docx.enum.text import WD_ALIGN_PARAGRAPH, \
    WD_PARAGRAPH_ALIGNMENT
from docx.enum.dml import MSO_THEME_COLOR_INDEX
from docx.shared import Inches
import json
import jieba
from wordcloud import WordCloud
import matplotlib.pyplot as plt
from pylab import mpl
```

```
from flask_login import logout_user, login_required
import html
import re
```

以上代码的主要说明如下。

从 docx 导入 Document 用于创建 Word 文档对象，从 docx.shared 导入 RGBColor 用于设置 Word 文档字体颜色，从 docx.enum.text 导入 WD_ALIGN_PARAGRAPH、WD_PARAGRAPH_ALIGNMENT 分别用于设置段落和表格内容的对齐，从 docx.enum.dml 导入 MSO_THEME_COLOR_INDEX 用于设置高亮背景颜色，从 docx.shared 导入 Inches 用于设置图片尺寸（单位为英寸）、导入 json 用于处理 .json 文件、导入 jieba 用于分词，从 wordcloud 导入 WordCloud 用于创建词云图、导入 matplotlib.pyplot 命名为 plt 用于设置词云图背景图片，从 pylab 导入 mpl 用于设置词云图字体，从 flask_login 导入 logout_user 用于退出登录、导入 login_required 用于设置登录后方可调用的限制，分别导入 html 和 re 用于消除 CKEditor 内容中的 HTML 标签。

6. 定义主页视图函数

用 Sublime Text 向 app.py 添加以下代码，定义用户主页视图函数：

```
@app.route('/logined', methods=['GET','POST'])
@login_required
def logined():
    user = current_user
    visit = addone()
    form = LoginedForm()
    if form.validate_on_submit():
        docxout = Document() #创建Word文档对象
        #将用户照片添加到Word文档
        pic = docxout.add_picture(f'static/image/{user.image}')
        pic.width = Inches(1.2) #设置照片宽度
        pic.height = Inches(1.6) #设置照片高度
        docxout.paragraphs[-1].alignment = \
            WD_PARAGRAPH_ALIGNMENT.RIGHT
        docxout.add_heading('个人简历', 0) #添加标题
        name_card(docxout, user)
        Head = docxout.add_heading('', level=1)
        run = Head.add_run("特长")
        #设置字体颜色为白色
        run.font.color.rgb = RGBColor(255, 255, 255)
        run.font.highlight_color = \
            MSO_THEME_COLOR_INDEX.BACKGROUND_1  #设置高亮背景颜色
        docxout.add_paragraph(user.skill, style = 'Intense Quote')
        course_table(docxout, form)
```

```python
    Head = docxout.add_heading('', level=1)
    run = Head.add_run("简历")
    run.font.color.rgb = RGBColor(255, 255, 255)
    run.font.highlight_color = \
        MSO_THEME_COLOR_INDEX.BACKGROUND_1
    pattern = re.compile(r'<[^>]+>',re.S) # 消除HTML标签
    body = pattern.sub('', html.unescape(form.body.data))
    #段落
    paraout = docxout.add_paragraph(body, style = 'Body Text')
    words = jieba.cut(body, cut_all = False)
    result = " ".join(words)
    wordcloud(docxout, result)
    #生成并输出.docx文件
    strnow = datetime.now().strftime('%Y%m%d%H%M%s')
    prefix = '%s%s' % (strnow, str(random.randrange(1000, 10000)))
    fdocx = f'static/file/{prefix}.docx'
    docxout.save(fdocx)
    flash('已完成,请下载', 'success')
    return render_template('logined.html', form = form,
        fdocx=fdocx, user = user, visit=visit, complete=True)
if form.errors: flash(form.errors, 'danger')
return render_template('logined.html', form=form,
    user = user, visit=visit)
```

以上代码的主要说明如下。

首先设置用户主页视图函数 URL 路径和 GET、POST 方法；用 @login_required 设定用户主页视图函数登录后方可调用。

然后定义用户主页视图函数 logined，在用户主页视图函数内，用 current_user 获取当前用户信息并赋值给 user，调用 addone 自定义函数对访问人数加 1，调用 LoginedForm 表单类创建 form 表单实例。

- 如果"开始"按钮被单击且表单提交内容有效，则用 Document 创建 Word 文档对象 docxout，用 add_picture 将用户照片添加到 docxout 对象中，设置照片宽度和高度，用 paragraphs[-1] 获取最后一个段落（即刚添加的照片所在段落）并将其右对齐（即将照片右对齐）。

用 add_heading('个人简历', 0) 添加顶级标题"个人简历"，调用 name_card 自定义函数添加用户名片信息。

用 add_heading('', level=1) 添加一级标题，用 add_run 添加标题名称"特长"，设置字体颜色为白色，设置高亮背景颜色；调用 course_table 自定义函数添加精品科目成绩单。

用 add_heading('', level=1) 添加一级标题，用 add_run 添加标题名称"简历"，设置字体颜色（白色）和高亮背景颜色；对 CKEditor 的内容（body）进行相应的处理（消除

HTML 标签等），用 jieba.cut 对 CKEditor 的内容进行分词；调用 wordcloud 自定义函数，根据分词结果生成词云图，把词云图添加到 docxout 对象中。

用 datetime.now 获取当前时间转换字符串，添加随机生成的 4 位数字，生成目标 Word 文档名（这里生成的 Word 文档名，在用户注册页面 2 生成的照片名的基础上，增加了随机产生的 4 位数字，目的是降低重复率、提高安全性）。

调用 save 函数将 docxout 对象以新生成的目标 Word 文档名保存到 static/file 文件夹下（稍后我们用统信 UOS 文件管理器在 static 下创建 file 文件夹）。

用 flash 显示"已完成，请下载"提示信息，调用 render_template 渲染 logined.html 模板，给 logined.html 模板传递的参数除了 form 表单，还有 Word 文档存放地址 fdocx、用户信息 user、用户访问人数 visit 和 Python 代码执行完毕标志 complete 等（用户主页模板根据这些参数进行相应的操作）。

- 如果表单提交内容有误，用 flash 显示 form.errors 错误信息。

最后调用 render_template 函数渲染 logined.html 模板，向 logined.html 模板传递的参数有 form、user 和 visit。

Pythonic 代码揭秘

```
if form.errors: flash(form.errors, 'danger')
if form.errors:
    flash(form.errors, 'danger')
```

7. 定义退出视图函数

退出视图函数用于实现退出登录功能。用 Sublime Text 向 app.py 添加以下代码，定义退出视图函数：

```
@app.route('/logout')
@login_required
def logout():
    logout_user()
    flash('您已安全退出', 'success')
    return redirect(url_for('login'))
```

以上代码的主要说明如下。

首先设置 URL 路径，因为没有与表单交互数据，所以不设置 POST 和 GET 方法；用 @login_required 设置该函数登录后才能调用。

然后定义退出视图函数 logout，在 logout 内，调用 logout_user 完成退出登录（删除 cookie 和 session 里的用户账号信息）。

最后显示"您已安全退出"提示信息，调用 redirect 转向用户登录页面模板 login.html。

3.5.4 模板设计

1. 修改基模板 base.html

用 Sublime Text 对基模板 base.html 的 {% block navbar %} 模块添加以下代码：

```
{% block navbar %}
<div class="navbar navbar-inverse" role="navigation">
   <div class="container">
      <div class="navbar-header">
         <button type="button" class="navbar-toggle"
         data-toggle="collapse" data-target=".navbar-collapse">
            <span class="sr-only">Toggle navigation</span>
            <span class="icon-bar"></span>
            <span class="icon-bar"></span>
            <span class="icon-bar"></span>
         </button>
         <a class="navbar-brand" href="/">
            <span class="glyphicon glyphicon-home"></span>简历平台
         </a>
      </div>
      <div class="navbar-collapse collapse">
      <ul class="nav navbar-nav me-auto">
         <li><a href="/regist1">
            <span class="glyphicon glyphicon-plus"></span>
            用户注册</a></li>
         <li>{% if current_user.is_authenticated %}
            <a href="{{ url_for('logout') }}">
               <span class="glyphicon glyphicon-log-out"></span>
               退出</a>
         {% else %}
            <a href="{{ url_for('login') }}">
               <span class="glyphicon glyphicon-log-in"></span>
               登录</a>
         {% endif %}</li>
      </ul>
      </div>
   </div>
</div>
{% endblock %}
```

以上代码的主要说明如下。

向用户主页添加自适应式主菜单（根据设备屏幕尺寸自适应调整主菜单呈现形式），子菜单项有"用户注册""退出"或"登录"（用 current_user.is_authenticated 判断，如果用户未登录，则显示"登录"子菜单项;如果用户已登录,则显示"退出"子菜单项)。

2. 创建用户主页模板

用 Sublime Text,在 templates 下创建用户主页模板 logined.html,代码如下:

```
{% extends "base.html" %}
{% block exfile %}
   <script src="{{ url_for('static',
      filename='ckeditor/ckeditor.js') }}"
   type="text/javascript"></script>
{% endblock %}
{% block page_content %}
<div class="page-header">
   <div align="center"><h1>用户主页</h1></div>
</div>
<div class="container">
   <div class="row" style='BORDER: 1px inset; padding:10px;'>
   <form method="POST" enctype="multipart/form-data">
      {{ form.csrf_token }}
      <table class="table table-bordered">
         <tr><td colspan="4" >
            {{ form.course1(class='form-control') }}</td>
         <td colspan="2" >
            {{ form.score1(class='form-control') }}</td></tr>
         <tr><td colspan="4" >
            {{ form.course2(class='form-control') }}</td>
         <td colspan="2" >
            {{ form.score2(class='form-control') }}</td></tr>
      </table>
      <div class="form-group">
         {{ form.body.label }}{{ form.body(class='form-control') }}
         <script type="text/javascript">
         {{ ckeditor.load() }}</script>
      </div>
      <div class="form-group">
         <button name="submit" id="submit" type="submit"
            class="btn btn-success">
            <span class="glyphicon glyphicon-play"></span>开始
         </button>
      {% if complete %}
         <a class="btn btn-primary" href="{{ fdocx }}">
         <span class="glyphicon glyphicon-download-alt"></span>
            下载</a>
      {% endif %}
```

```
        </div>
    </form></div>
    <div class="text-muted text-right">第{{ visit }}次使用</div>
</div>
{% endblock %}
```

以上代码的主要说明如下。

首先 logined.html 模板继承 base.html 基模板。在 {% block exfile %} 模块内导入 CKEditor 插件 .js 代码。

然后在 form 表单内，用 {{ form.csrf_token }} 开启 CSRF 验证（关于 CSRF 验证，我们在用户登录页面介绍过，这里不重复说明），用 {{ form.<组件名>.label }} 和 {{ form.<组件名>() }} 在用户主页相应的位置显示相应组件标签和组件，并在 <script> 标签中用 {{ ckeditor.load() }} 装载 CKEditor 插件，"开始"按钮执行完成服务器端的代码后（通过 {% if complete %} 来判断）显示"下载"按钮，用 href="{{ fdocx }}" 来指定下载 Word 文档地址。

最后通过 {{ visit }} 在指定的位置显示访问数量。

3.5.5 运行结果

首先，用统信 UOS 文件管理器，在 static 下创建 file 文件夹，用于存放个人简历 Word 文档。

然后打开统信 UOS 终端，进入 www 文件夹，执行 python3 app.py 启动 Flask 自带的服务器（如果服务器已经启动，则跳过此步骤）。

```
$ cd www
$ python3 app.py
```

打开浏览器，在地址栏输入 127.0.0.1:5000 并按 Enter 键，打开用户登录页面，或按住 Ctrl 键，单击在终端显示的 http://127.0.0.1:5000 超链接，打开用户登录页面（因为用户登录视图有两个 URL 路径，所以也可以输入 127.0.0.1:5000/login 并按 Enter 键来打开）。

在用户登录页面，单击"注册"按钮（或在浏览器地址栏直接输入 127.0.0.1:5000/regist1 并按 Enter 键），进入用户注册页面，注册一个用户；注册成功后，自动回到用户登录页面；在统信 UOS 启动器（"开始"菜单）打开 DB Browser for SQLite，人工审核通过刚才注册的用户（只有审核通过的用户方可登录用户主页，因为目前管理功能还没有实现，所以这里通过人工修改审核字段值来实现用户审核通过），选择 www 下的 data.db 数据库文件，找到刚才注册的用户，将其 verify 字段值改为 1，如图 3-9 所示，单击 DB Browser for SQLite 右上角的关闭按钮来保存并关闭 DB Browser for SQLite。

回到浏览器用户登录页面，输入刚才注册并人工审核通过的用户邮箱和密码，输入验证码，单击"登录"按钮,即可进入用户主页,如图 3-10 所示。

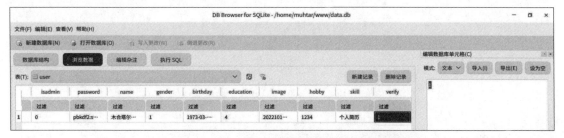

图 3-9　人工修改审核字段值实现审核通过

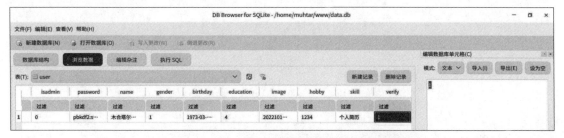

图 3-10　用户主页

3.6　密码修改

为了确保信息安全,建议用户养成定期修改密码的好习惯。本节介绍密码修改功能的实现。

3.6.1　表单设计

用 Sublime Text 向 app.py 添加以下代码,定义修改密码表单类:

```python
class ChangeForm(FlaskForm):
    email = StringField('邮箱：',
        validators = [DataRequired(), Email('邮箱格式错误')],
        render_kw = {'placeholder': u'输入邮箱地址（登录用）'})
    password = PasswordField('原密码：',
        validators = [DataRequired(), Length(6,18)],
        render_kw = {'placeholder': u'输入原密码'})
    newpassword = PasswordField('新密码：',
        validators = [DataRequired(), Length(6,18)],
        render_kw = {'placeholder': u'输入新密码（6-18位）'})
    confirmpwd = PasswordField('确认新密码：',
        validators = [DataRequired(), Length(6,18),
        EqualTo('newpassword', message = "密码不一致")],
        render_kw = {'placeholder': u'再次输入新密码（两次密码需一致）'})
    submit = SubmitField('修改',
        render_kw = {"style" : "background:#28a745; color : white;"})
```

以上代码的主要说明如下。

定义了 ChangeForm 密码修改表单类，其继承 FlaskForm。在 ChangeForm 密码修改表单内，定义了邮箱输入框（StringField）、原密码输入框（PasswordField）、新密码输入框（PasswordField）、确认新密码输入框（PasswordField）和修改密码提交按钮（SubmitField），并用相应的验证函数对输入内容的有效性进行验证，用 render_kw 实现相应提示信息和设置提交按钮样式（这些函数的功能均在前面的内容里介绍过，这里不再重复介绍）。密码修改表单各组件及其属性、值如表 3-6 所示。

表 3-6 密码修改表单各组件及其属性、值

序号	组件	属性	值
1	StringField	name	email
		label	邮箱：
		validators	DataRequired(), Email(' 邮箱格式错误 ')
		render_kw	'placeholder': u' 输入邮箱地址（登录用）'
2	PasswordField	name	password
		label	原密码：
		validators	DataRequired(), Length(6,18)
		render_kw	'placeholder': u' 输入原密码 '
3	PasswordField	name	newpassword
		label	新密码：
		validators	DataRequired(), Length(6,18)
		render_kw	'placeholder': u' 输入新密码（6-18 位）'

续表

序号	组件	属性	值
4	PasswordField	name	confirmpwd
		label	确认新密码:
		validators	DataRequired(), Length(6,18), EqualTo('newpassword', message = " 密码不一致 ")
		render_kw	'placeholder': u' 再次输入新密码（两次密码需一致）'
5	SubmitField	name	submit
		label	修改
		render_kw	"style" : "background:#28a745; color : white;"

3.6.2 视图设计

用 Sublime Text 向 app.py 添加以下代码，定义密码修改视图函数：

```python
@app.route('/change',methods=['GET','POST'])
def change():
    form = ChangeForm()
    if form.validate_on_submit():
        email = form.email.data
        password = form.password.data
        user = User.query.filter_by(email = email).first()
        if user:
            if check_password_hash(user.password,password):
                newpassword = \
                    generate_password_hash(form.newpassword.data)
                User.query.filter_by(id = \
                    user.id).update({'password': newpassword})
                db.session.commit()
                flash("密码修改成功", 'success')
                return redirect(url_for('login'))
            else:
                flash("原密码有误", 'warning')
                return render_template("change.html", form = form)
        else:
            flash("用户名有误", 'warning')
            return render_template("change.html", form = form)
    if form.errors: flash(form.errors,'danger')
    return render_template("change.html", form = form)
```

以上代码的主要说明如下。

首先设置视图函数 URL 路径和 GET、POST 方法（没有设置登录后方可调用的限制，因为修改密码要求输入原密码，不登录也可使用）。

然后定义 change 密码修改视图函数，在该函数内，调用 ChangeForm 创建密码修改 form 表单实例。

- 如果单击"修改"按钮且表单提交内容有效，则从表单获取邮箱、原密码和新密码（新密码和确认新密码一致性在前端完成验证），从后台数据库搜索该邮箱用户信息。
    - 如果用户存在，则判断数据库中的密码与输入的密码是否一致。如果密码一致，则对新密码进行 hash 加密，把新密码写入后台数据库替换原密码，调用 flash 显示"密码修改成功"提示信息，并调用 redirect 转向用户登录页面视图 login。如果原密码有误（密码不一致），则调用 flash 显示"原密码有误"提示信息。
    - 如果用户不存在，则调用 flash 显示"用户名有误"提示信息。
- 如果表单提交内容有误，调用 flash 显示 form.errors 错误信息。

最后调用 render_template 渲染密码修改模板 change.html。

3.6.3 模板设计

1. 修改基模板 base.html

为了在基模板 base.html 主菜单中显示"密码修改"子菜单项，用 Sublime Text 在基模板主菜单模块 {% block navbar %} 内添加"密码修改"子菜单项，代码如下：

```
...
<li>
   <a href="{{ url_for('change') }}">
      <span class="glyphicon glyphicon-edit"></span>密码修改
   </a>
</li>
...
```

2. 创建密码修改模板

用 Sublime Text，在 templates 下创建密码修改模板 change.html，代码如下：

```
{% extends "base.html" %}
{% block page_content %}
<div class="page-header">
   <div align="center"><h1>密码修改</h1></div>
</div>
<div class="container">
```

```
        <div class="row" style='BORDER: 1px inset; padding:10px;'>
            {{ wtf.quick_form(form) }}
        </div>
    </div>
{% endblock %}
```

密码修改模板代码非常简单，它继承基模板 base.html，在 {% block page_content %} 模块内设置页面标题，并用 {{ wtf.quick_form(form) }} 快速渲染 form 表单。

3.6.4 运行结果

打开统信 UOS 终端，进入 www 文件夹，执行 python3 app.py 启动 Flask 自带的服务器（如果服务器已经启动，则跳过此步骤）。

```
$ cd www
$ python3 app.py
```

打开浏览器，在地址栏输入 127.0.0.1:5000/change 并按 Enter 键（也可以单击主菜单上的"密码修改"子菜单项），打开密码修改页面，如图 3-11 所示，从图中可以看到主菜单中多了"密码修改"子菜单项。

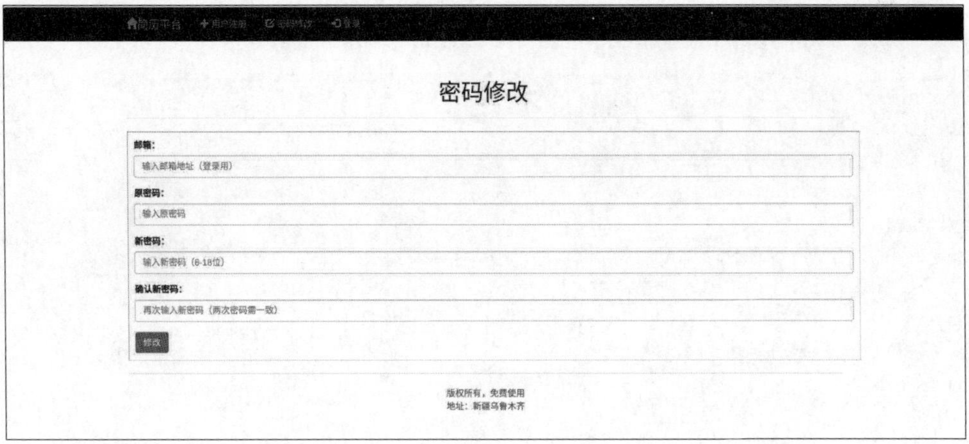

图 3-11 密码修改页面

3.7 发送邮件

本节实现发送邮件功能，具体实现的是当用户忘记密码时，给用户邮箱地址发送初始密码

（123456）。我们以 163 邮箱服务器配置为例，介绍如何实现发送邮件功能。

3.7.1 安装 Flask-Mail

Web 应用经常需要向用户、管理员、运维人员等相关人员发送邮件。在 Flask 框架中用 Flask-Mail 邮件库来管理电子邮件的收发。

在统信 UOS 终端，执行以下命令安装 Flask-Mail，看到 Successfully installed 字样就表示安装成功：

```
$ python3 -m pip install flask-mail
...
Successfully installed blinker-1.5 flask-mail-0.9.1
```

我们可以看到一并安装的包有：
- blinker-1.5；
- flask-mail-0.9.1。

3.7.2 表单设计

1. 配置 163 邮箱服务器

用 Sublime Text 向 app.py 添加以下配置 163 邮箱服务器的代码：

```
app.config['MAIL_SERVER'] = 'smtp.163.com'
app.config['MAIL_PORT'] = 465
app.config['MAIL_USE_SSL'] = True
app.config['MAIL_DEBUG'] = True
#发送邮件的邮箱地址
app.config['MAIL_USERNAME'] = 'muhtar_xjedu@163.com'
#用户授权码
app.config['MAIL_PASSWORD'] = 'QWERTYUIOPASDFGH' #这不是真授权码
from flask_mail import Mail
mail = Mail(app)
```

以上代码的主要说明如下。

首先分别设置 MAIL_SERVER、MAIL_PORT（163 邮件服务器端口为 465）、MAIL_USE_SSL、MAIL_DEBUG、MAIL_USERNAME、MAIL_PASSWORD 等参数，其中 MAIL_USERNAME 是发送邮件的邮箱地址（后文简称"发送邮件地址"），MAIL_PASSWORD 是 16 位用户授权码（注意：不是邮箱登录密码，授权码是用于登录第三方邮件客户端的专用密码，登录 163 邮箱可免费申请）。

然后从 flask_mail 导入 Mail 用于创建邮箱服务器对象。

最后调用 Mail(app) 创建邮箱服务器对象实例 mail。

2. 定义发送初始密码邮件的表单类

用 Sublime Text 向 app.py 添加以下代码，定义发送初始密码邮件（后文简称"发送邮件"）的表单类：

```
class EmailForm(FlaskForm):
    email = StringField('邮箱：',
        validators = [DataRequired(),Email('邮箱格式错误')],
        render_kw = {'placeholder': u'输入邮箱地址（登录用）'})
    #验证码输入框
    code = StringField('验证码：', validators = [DataRequired()],
        render_kw = {'placeholder': u'输入验证码（不分大小写）'})
    #验证码函数
    def validate_code(self, data):
        input_code = data.data
        code = session.get('valid')
        if input_code.lower() != code.lower():    #判断输入的验证码
            raise ValidationError('验证码错误')
    submit = SubmitField('发送邮件',
        render_kw = {"style" : "background:#28a745; color : white;"})
```

以上代码的主要说明如下。

定义了发送邮件表单 EmailForm，其继承 FlaskForm。在该表单内，分别定义了邮箱输入框（StringField）、验证码输入框（StringField）、验证码函数 validate_code（和用户登录页面一致）和发送邮件提交按钮（SubmitField）。发送邮件表单各组件及其属性、值如表 3-7 所示。

表 3-7 发送邮件表单各组件及其属性、值

序号	组件	属性	值
1	StringField	name	email
		label	邮箱：
		validators	DataRequired(), Email(' 邮箱格式错误 ')
		render_kw	'placeholder': u' 输入邮箱地址（登录用）'
2	StringField	name	code
		label	验证码：
		validators	DataRequired()
		render_kw	'placeholder': u' 输入验证码（不分大小写）'
3	SubmitField	name	submit
		label	发送邮件
		render_kw	"style" : "background:#28a745; color : white;"

Pythonic 代码揭秘

```
if input_code.lower() != code.lower(): raise ValidationError('验证码错误')

if input_code.lower() != code.lower():
    raise ValidationError('验证码错误')
```

3.7.3 视图设计

用 Sublime Text 向 app.py 添加以下代码，定义发送邮件视图函数 email：

```python
from flask_mail import Message
@app.route("/email", methods=['GET', 'POST'])
def email():
    form = EmailForm()
    if form.validate_on_submit():
        email = form.email.data
        user = User.query.filter_by(email = email).first()
        if user: #如果用户存在
            password = generate_password_hash('123456')
            user.password = password
            db.session.commit()
            #sender是发送邮件地址，recipients是接收邮件地址
            msg=Message('初始密码',sender='muhtar_xjedu@163.com',
                recipients=[email])
            msg.body = "您的初始密码为：123456，请尽快修改！"
            mail.send(msg)
            flash('邮件已发送','success')
            return redirect(url_for('change'))
        else:
            flash('用户不存在','warning')
            return redirect(url_for('regist1'))
    if form.errors: flash(form.errors,'danger')
    return render_template("email.html", form=form)
```

以上代码的主要说明如下。

首先从 flask_mail 导入 Message 用于创建邮件对象。

然后设置发送邮件视图函数 URL 路径和 GET、POST 方法。

之后定义 email 函数，在 email 函数内，调用 EmailForm 创建 form 表单。

- 如果单击"发送"按钮并且表单提交内容有效，则从表单获取邮箱，从后台数据库搜索该邮箱用户信息。

- 如果用户存在，则用generate_password_hash生成初始密码（123456），并用该密码修改数据库中的原密码；用Message创建信息对象，其中sender是发送邮件地址（就是配置邮箱服务器时设置授权码的邮箱地址），recipients是接收邮件地址（用户邮箱地址）；用body设置发送的邮件内容，调用邮件服务器mail（之前在参数配置时创建的）的send函数发送邮件，用flash显示"邮件已发送"提示信息后，调用redirect转向密码修改页面视图change，提示用户修改初始密码。
- 如果在后台数据库没有该用户邮箱（用户不存在），则显示"用户不存在"提示信息，并调用redirect转向用户注册页面视图regist1，提示注册用户。

• 如果表单提交内容有误，则调用 flash 显示 form.errors 错误信息。

最后调用 render_template 渲染发送邮件模板 email.html。

3.7.4 模板设计

1. 修改基模板 base.html

为了在基模板 base.html 主菜单中显示"发送邮件"子菜单项，用 Sublime Text 在基模板主菜单模块 {% block navbar %} 内添加"发送邮件"子菜单项，代码如下：

```
...
<li>
    <a href="{{ url_for('email') }}">
        <span class="glyphicon glyphicon-envelope"></span>发送邮件
    </a>
</li>
...
```

2. 创建发送邮件模板

用 Sublime Text，在 templates 下创建发送邮件模板 email.html，代码如下：

```
{% extends "base.html" %}
{% block page_content %}
<div class="page-header">
    <div align="center"><h1>发送初始密码邮件</h1></div>
</div>
<div class="container">
    <div class="row" style='BORDER: 1px inset; padding:10px;'>
        {{ wtf.quick_form(form) }}
    </div>
```

```
    <div align="center">
        <img class='img-rounded' src = "{{ url_for('get_image') }}"
        title="单击刷新"
        onclick="this.src = '{{ url_for('get_image') }}?' +
            Math.random()">
    </div>
</div>
{% endblock %}
```

以上代码的主要说明如下。

创建了 email.html 模板，email.html 模板继承 base.html 基模板，在 {% block page_content %} 模块内设置页面标题，用 {{ wtf.quick_form(form) }} 快速渲染 form 表单，用 <img> 标签居中显示验证码图片，用 onclick 事件实现单击验证码图片刷新验证码的功能（在用户登录页面详细介绍过此功能，这里不再重复介绍）。

3.7.5 运行结果

打开统信 UOS 终端，进入 www 文件夹，执行 python3 app.py 启动 Flask 自带的服务器（如果服务器已经启动，则跳过此步骤）。

```
$ cd www
$ python3 app.py
```

打开浏览器，在地址栏输入 127.0.0.1:5000/email 并按 Enter 键（也可以单击主菜单上的"发送邮件"子菜单项），打开发送初始密码邮件页面，如图 3-12 所示，可以看到主菜单中多了"发送邮件"子菜单项。

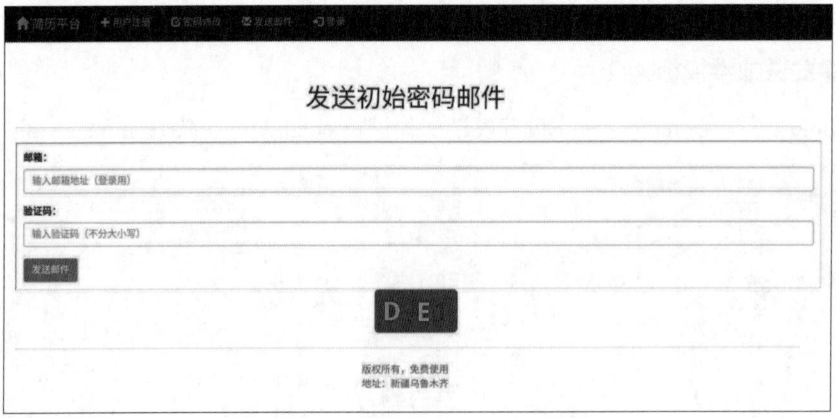

图 3-12　发送初始密码邮件页面

3.8 本章小结

本章我们通过实现用户注册、用户登录、用户主页、密码修改、发送邮件等功能，学到了基于 Flask 框架的 Web 应用创建、数据库操作、响应式页面设计、验证码生成、插件组件使用、邮件服务器配置和 .json 文件的读写等知识。

本章的重点内容是用 Flask-SQLAlchemy 对数据库进行 CRUD（增加、查询、更新、删除）操作，用 Flask-Login 进行用户登录管理与 cookie 操作，用 Flask-Bootstrap 设计响应式页面，用 Flask-WTF 设计 WTForms 表单，用 Flask-CKEditor 设计可视化 HTML 编辑器，用 Python-Docx 对 .docx 文档进行读写操作，用 Jieba 进行分词，用 WordCloud 画词云图，用 Matplotlib 进行静态画图，用 Flask-Mail 实现发送邮件，用 DB Browser for SQLite 对后台数据库进行浏览、修改等操作，用 Sublime Text 编写代码。学习这些知识能为本书后续内容的学习打下很好的基础。

【思考】在 3.7 节讲解"发送邮件"功能时，用户密码初始化后，我们实现了把初始密码（123456）发到用户邮箱功能，但在实际 Web 应用开发中，这样做是有安全隐患的。如何实现将用户密码直接发到用户邮箱的功能（不是初始密码）？

第 4 章

管理功能实现

本章实现管理功能，主要包括管理员登录、管理主页（管理功能的核心）、密码初始化、系统初始化、照片相册、超级管理员登录、超级管理员主页（包括设为管理员和取消管理员等功能）等模块。管理功能相关模块和页面在 1.1.3 小节中已有介绍，本章介绍如何具体实现。下面先简单回顾一下各模块的主要功能。

注意：因为管理功能需具备管理员权限的用户方可登录使用，所以首先用 DB Browser for SQLite 来打开后台数据库文件 data.db，将用户 isadmin 字段值改为 1，如图 4-1 所示。

图 4-1　将 isadmin 字段值改为 1

（1）管理员登录。打开管理员登录页面，输入管理员的的邮箱和密码，单击"管理员登录"按钮（不要选择"登录 Flask-Admin 后台"复选框）。系统首先判断该用户的 IP 地址是否在被允许访问的 IP 地址范围之内，如果是被允许访问的 IP 地址，则从后台数据库读取用户信息，判断其邮箱和密码是否正确、该用户是否为管理员，如果均为是，则进入管理主页。

（2）管理主页。管理主页的页面顶部有一个主菜单，在主菜单上有"管理主页""照片相册""密码初始化""系统初始化""退出"等子菜单项。通过这些子菜单项可进行相应的操作。

在"管理主页"标题下方的工具栏上，有下三角按钮（单击后，可以弹出的下拉列表中选择字段名称）、关键词输入框（用于输入搜索内容）、"搜索"按钮、"取消"按钮和"删除"按钮。通过这些工具可以按照用户名或审核状态，进行用户信息搜索，并对搜索结果进行批量删除操作。

在用户信息表格的"操作"列（表格最右一列）上，有"编辑""审核""删除"等按钮组。通过按钮组可对相应的用户信息进行编辑、审核（通过或不通过）、删除等操作。

- 单击"编辑"按钮，显示信息编辑页面。在信息编辑页面，我们可以对用户信息进行编辑后单击"修改"按钮，系统会以最新的内容覆盖后台数据库中的原信息，返回管理主页并显示修改成功提示信息。
- 单击"审核"按钮，弹出下拉菜单，其子菜单项有"通过"和"不通过"，选择相应的子菜单项可对该用户进行相应的操作。
- 单击"删除"按钮，弹出删除确认对话框。单击"确定"按钮，可删除该用户信息，返回管理主页并显示"删除成功"提示信息。

（3）照片相册。单击主菜单上的"照片相册"子菜单项，显示照片相册页面，其主要功能是集中显示所有用户照片。

（4）密码初始化。单击主菜单上的"密码初始化"子菜单项，显示密码初始化页面。在密码初始化页面，输入要初始化密码的用户邮箱，单击"密码初始化"按钮，系统会把该用户的密码初始化为"123456"并显示提示信息。

（5）单击主菜单上的"系统初始化"子菜单项，显示系统初始化页面。在系统初始化页面，选择"删除用户文件"和"数据库初始化"复选框（也可任选其一），单击"系统初始化"按钮，系统将会删除用户产生的所有文件和后台数据库所有用户的（除管理员外）信息，然后返回管理员登录页面并显示"系统初始化成功"提示信息。

4.1 管理员登录

我们在第 3 章设计用户登录页面时，用验证码来实现安全防护。在这一节用另一种方式来实现安全防护，即管理员 IP 地址控制方式。也就是说，用户登录时获取其 IP 地址，如果用户 IP 地址在被允许访问管理主页的 IP 地址范围之内，则允许该用户登录管理主页；如果用户 IP 地址不是被允许访问管理页面的 IP 地址，则禁止该用户登录管理主页。在实际开发中可以把两种方式结合使用，进一步提高系统的安全性。

4.1.1 表单设计

用 Sublime Text 向 app.py 添加以下管理员登录表单的代码：

```
class AdminForm(FlaskForm):
    email = StringField('邮箱：',
        validators = [DataRequired(),Email('邮箱格式错误')],
        render_kw = {'placeholder': u'输入管理员邮箱地址'})
    password = PasswordField('密码：',
        validators = [DataRequired(), Length(6,18)],
        render_kw = {'placeholder': u'输入管理员密码（6-18位）'})
    submit = SubmitField('登录')
```

以上代码的主要说明如下。

定义了 AdminForm 表单类，其继承 FlaskForm。在 AdminForm 表单内，定义了邮箱输入框（StringField）、密码输入框（PasswordField）、登录按钮（SubmitField）。管理员登录表单各组件及其属性、值如表 4-1 所示。

表 4-1 管理员登录表单各组件及其属性、值

序号	组件	属性	值
1	StringField	name	email
		label	邮箱：
		validators	DataRequired(), Email(' 邮箱格式错误 ')
		render_kw	'placeholder': u' 输入管理员邮箱地址 '
2	PasswordField	name	password
		label	密码：
		validators	DataRequired(), Length(6,18)
		render_kw	'placeholder': u' 输入管理员密码（6-18 位）
3	SubmitField	name	submit
		label	登录

4.1.2 视图设计

用 Sublime Text 向 app.py 添加以下管理员登录视图代码：

```
from flask import request
@app.route('/admin',methods=['GET','POST'])
```

```python
def admin():
    with open("admips.txt") as file: admips = file.readlines()
    ip = request.remote_addr + '\n'
    if ip not in admips: #如果不是客户端IP地址
        flash('本机不允许登录管理主页','danger')
        return redirect(url_for('login'))
    form = AdminForm()
    if form.validate_on_submit():
        email = form.email.data
        password = form.password.data
        user = \
        User.query.filter_by(email = email, isadmin = True).first()
        if user:
            if check_password_hash(user.password,password):
                if user.verify:
                    login_user(user, False)
                    return redirect(url_for('admined'))
                else: flash('该账号未审核通过！','warning')
            else: flash('密码有误！','warning')
        else: flash('用户名有误！','warning')
    if form.errors: flash(form.errors,'danger')
    return render_template("admin.html", form=form)
```

以上代码的主要说明如下。

首先从 flask 导入 request 用于获取客户端 IP 地址（用户 IP 地址），设置 URL 和 GET、POST 方法。

然后定义 admin 管理员登录视图函数，在 admin 函数内，从 admips.txt 文本文件读取被允许访问管理主页的 IP 地址，存放在 admips 列表中。在 admips.txt 文本文件中，每一个被允许访问管理主页的 IP 地址占一行，每行末尾有换行符"\n"。admips.txt 文本文件内容如图 4-2 所示。

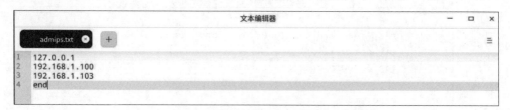

图 4-2　admips.txt 文本文件内容

用 request.remote_addr 获取客户端 IP 地址（用户 IP 地址），为了与 admips.txt 保持一致，向获取的客户端 IP 地址末尾添加换行符。判断客户端 IP 地址是不是在被允许访问管理主页的 IP 地址范围之内。

- 如果客户端 IP 地址不在被允许访问管理主页的 IP 地址范围之内，则显示"本机不允许登录管理主页"提示信息，并调用 redirect 转到登录页面，提示用户该客户端只允许登录用户主页。
- 如果客户端 IP 地址在被允许访问管理主页的 IP 地址范围之内，则创建 form 表单实例。
  - 如果"登录"按钮被单击且表单提交内容有效，则从表单读取管理员邮箱和密码，从后台数据库搜索该邮箱的用户并判断该用户是不是管理员（isadmin = True）。如果该邮箱用户存在且是管理员，则判断该用户输入的密码和后台数据库保存的密码是否相同，并进一步判断该邮箱的用户是否已通过审核。如果该邮箱的用户不存在或者该邮箱的用户不是管理员，则调用 flash 函数，显示"用户名有误！"警告信息。
  - 如果表单提交内容有误（用 form.errors 来判断），则显示错误提示信息。

最后调用 render_template 渲染视图页面。

Pythonic 代码揭秘

```
admips = [line for line in open("admips.txt")]
```
```
with open("admips.txt") as file:
    admips = file.readlines()
```

Pythonic 代码揭秘

```
if user:
    if check_password_hash(user.password,password):
        if user.verify:
            login_user(user, False)
            return redirect(url_for('admined'))
        else: flash('该账号未审核通过！','warning')
    else: flash('密码有误！','warning')
else: flash('用户名有误！','warning')
```

```
if user:
    if check_password_hash(user.password,password):
        if user.verify:
            login_user(user, False)
            return redirect(url_for('admined'))
        else:
            flash('该账号未审核通过！','warning')
    else:
        flash('密码有误！','warning')
else:
    flash('用户名有误！','warning')
```

4.1.3 模板设计

用 Sublime Text，在 templates 下创建 admin.html 模板，代码如下：

```
{% extends "base.html" %}
{% block navbar %}{% endblock %}
{% block page_content %}
<div class="container">
   <form method="POST">
   {{ form.csrf_token }}
   <div class="modal-dialog">
      <div class="modal-content">
         <div class="modal-header bg-warning">
         <h2 class="modal-title text-center text-warning">
            管理员登录</h2></div>
         <div class="modal-body bg-info">
            <div class="form-group">
            <span class="glyphicon glyphicon-user"></span>
            {{ form.email.label }}
            {{ form.email(class='form-control') }}</div>
            <div class="form-group">
            <span class="glyphicon glyphicon-eye-close"></span>
            {{ form.password.label }}
            {{ form.password(class='form-control') }}</div>
         </div>
         <div class="modal-footer bg-warning">
            <div class="form-group">
               <button name="submit" type="submit"
               class="btn btn-warning">
               <span class="glyphicon glyphicon-log-in"></span>
               管理员登录</button>
            </div>
         </div>
      </div>
   </div>
   </form>
</div>
{% endblock %}
```

管理员登录模板 admin.html 同样继承基模板 base.html，用空的 {% block navbar %} 模块屏蔽

主菜单（管理员登录页面不需要菜单）。管理员登录页面与用户管理页面一样，也是用模态对话框来实现的，而且均不使用快速渲染方式 {{ wtf.quick_form(form) }}，而是自定义表单各组件的显示位置和样式，这样做虽然麻烦一点，但是可以充分利用 Bootstrap 和 jQuery 等设计漂亮、友好的用户界面。用 {{ form.csrf_token }} 开启 CSRF 校验；表单上的各组件均以 <div class="form-group"> 形式显示在指定的位置，并为了提高辨识度，对每个组件设置了唯一的字体和图标。在 {{ form.email.label }} 所在的位置显示邮箱输入框标签，在 {{ form.email() }} 所在的位置显示邮箱输入框；在 {{ form.password.label }} 所在的位置显示密码输入框标签，在 {{ form.password() }} 所在的位置显示密码输入框；button 是提交按钮（即登录按钮），其 name 属性必须与表单中的 name 属性一致（即 submit）。

4.1.4 运行结果

打开统信 UOS 终端，进入 www 文件夹，执行 python3 app.py 启动 Flask 自带的服务器（如果服务器已经启动，则跳过此步骤）。

```
$ cd www
$ python3 app.py
```

打开浏览器，在地址栏输入 127.0.0.1:5000/admin 并按 Enter 键，打开管理员登录页面，如图 4-3 所示。

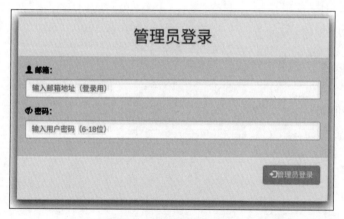

图 4-3　管理员登录页面

在图 4-3 所示的管理员登录页面，输入管理员邮箱、密码，单击"管理员登录"按钮，可登录管理主页（因为管理主页功能还没有实现，所以现在还不能测试登录管理主页的功能）。

4.2 管理主页

管理主页是管理功能的核心,主要功能有用户信息的编辑、审核、删除等。

4.2.1 表单设计

用 Sublime Text 向 app.py 添加以下管理主页表单的代码:

```
class AdminedForm(FlaskForm):
    field = SelectField('字段名称: ',
        render_kw = {"style":"background:#EEFFBB"},
        choices = [('1', '1-用户姓名'), ('2', '2-审核状态')])
    keyword = StringField('字段内容', validators = [DataRequired()],
        render_kw = {'placeholder': u'输入要搜索的关键词'})
    search = SubmitField('搜索')
    delete = SubmitField('删除')
```

以上代码的主要说明如下。

定义了 AdminedForm 管理主页表单类,该类继承 FlaskForm。AdminedForm 表单类的主要功能是根据设定的字段名称和关键词内容,从后台数据库搜索符合条件的用户信息,我们可以对搜索结果进行删除操作(如果搜索结果为多条用户信息,可以同时删除多条用户信息)。在 AdminedForm 表单类内,定义了名为 field 的 SelectField 选项框,用于指定搜索的数据库字段名称;定义了名为 keyword 的 StringField 输入框,用于输入要搜索的关键词内容;同时还分别定义了名为 search 和 delete 的两个 SubmitField 按钮,其中 search 用于搜索用户信息,delete 用于删除用户信息。通过这个案例,我们会学到在同一个表单里处理两个提交按钮的事件。管理主页表单各组件及其属性、值如表 4-2 所示。

表 4-2 管理主页表单各组件及其属性、值

序号	组件	属性	值
1	SelectField	name	field
		label	字段名称:
		render_kw	"style":"background:#EEFFBB"
		choices	('1', '1- 用户姓名 '), ('2', '2- 审核状态 ')

序号	组件	属性	值
2	StringField	name	keyword
		label	字段内容:
		validators	DataRequired()
		render_kw	'placeholder': u' 输入要搜索的关键词 '
3	SubmitField	name	search
		label	搜索
4	SubmitField	name	delete
		label	删除

4.2.2 视图设计

用 Sublime Text 向 app.py 添加如下管理主页视图代码：

```
@app.route('/admined', methods=['GET','POST'])
@login_required
def admined():
    if current_user.isadmin == False:
        flash('请先登录','danger')
        return redirect(url_for('admin'))
    #分页显示
    page = request.args.get('page', 1, type = int)
    pagination = User.query.filter_by(isadmin = \
        False).paginate(page, per_page = 10) #每页显示10条用户信息
    users = pagination.items
    if not users:
        flash('没有用户注册','warning')
        return redirect(url_for('regist1'))
    #获取当前时间,用于计算用户年龄
    now = datetime.now()
    form = AdminedForm()
    if form.validate_on_submit():
        field = form.field.data
        keyword = form.keyword.data
```

```python
        if field == '1': #姓名
            users1 = User.query.filter_by(name = keyword, \
                isadmin = False).all()
        else: #审核状态
            if keyword in '未审核': val = None
            elif keyword in '通过': val = True
            elif keyword in '不通过': val = False
            else:
                flash(f'{keyword}不存在','info')
                return redirect(url_for('admined'))
            users1 = User.query.filter_by(verify = val, \
                isadmin = False).all()
        if users1:
            if form.search.data:
                return render_template("admined.html", form = form,
                    users = users1, now = now, nosearch = False)
            elif form.delete.data:
                for user in users1:
                    db.session.delete(user)
                    db.session.commit()
                    path = f'static/image/{user.image}'
                    if os.path.exists(path): os.remove(path)
                flash(f'{keyword}删除成功','success')
                return redirect(url_for('admined'))
        else:
            flash(f'{keyword}不存在','info')
            return redirect(url_for('admined'))
    if form.errors: flash(form.errors,'danger')
    return render_template("admined.html", pagination = pagination,
        form = form, users = users, now = now, nosearch = True)
```

以上代码的主要说明如下。

首先设置了视图函数 URL 路径和 GET、POST 方法，设置了登录后方可访问的限制（@login_required）。

然后定义了 admined 视图函数。在 admined 视图函数内，首先判断当前用户是不是管理员（current_user.isadmin），这样判断的目的是防止普通用户先登录用户主页，然后不关闭浏览器，在浏览器地址栏直接输入管理主页 URL 并按 Enter 键来访问管理主页。

如果当前用户不是管理员，则显示"请先登录"提示信息，并转到管理员登录页面。

如果当前用户是管理员，则设置 pagination（分页显示）参数，设置每页显示 10 条用户信息

（不显示管理员信息）；然后判断有没有已注册的用户。如果一个用户都没注册，则显示"没有用户注册"提示信息，并转到用户注册页面，提示先注册用户。如果有已注册的用户，则获取当前时间，用于计算用户年龄；然后创建管理主页表单实例 form。

- 如果提交按钮（search 或 delete）被单击并且表单提交内容有效，则从表单中读取 field 选项框和 keyword 输入框的值。
    - 如果 field 的值为 1（即选了用户姓名），则从后台数据库中搜索 name 字段值等于 keyword 值且不是管理员的所有用户的信息，并把搜索结果赋值给 users1 列表。
    - 如果 field 的值不是 1（即 2），则先判断 keyword 的值。如果 keyword 为"未""未审""未审核"之一（keyword in '未审核'），则将 val 的值设置为 None。如果 keyword 为"通""通过""过"之一（keyword in '通过'），则将 val 的值设置为 True。如果 keyword 为"不""不通""不通过"之一（keyword in '不通过'），则将 val 的值设置为 False。如果 keyword 的值以上都不是（else），则显示"审核状态不存在"提示信息，并调用 redirect 转到管理主页（以上判断比较简单，读者可以进一步完善）。

    然后从后台数据库中搜索 verify 字段值等于 val 值且不是管理员的用户信息，并把搜索结果赋值给 users1 列表，结束判断。
    - 如果 users1 存在（即在后台数据库中有符合搜索条件的用户信息），则分别判断 search 或 delete 按钮中哪个按钮被单击。

        如果 search 按钮被单击，则调用 render_template 重新渲染 admined.html 模板（render_template 不刷新页面），传递给 admined.html 模板的参数有表单 form、搜索结果 users1、当前时间 now、值为 False 的 nosearch（nosearch 的作用是，如果其值为 True，则将管理主页上的用户信息分页显示，每一页显示 10 条用户信息；如果 nosearch 的值为 False，则将管理主页上的用户信息不分页显示）。

        如果 delete 按钮被单击，则进入 users1 循环，从后台数据库中逐一删除在 users1 列表里面的所有用户信息和在 static/image 文件夹里面的相应用户照片；删除完用户信息和照片后显示"{keyword}删除成功"提示信息，调用 redirect 转向 admined 视图（redirect 刷新页面）。通过 form.errors 判断表单提交内容有无错误。
- 如果表单提交内容有误，则显示相关错误信息。

最后调用 render_template 渲染 admined.html 模板，传递给 admined.html 模板的参数有分页显示参数 pagination，管理主页表单 form，后台数据库中除管理员以外的所有用户信息 users，当前时间 now，以及值为 True 的 nosearch。

Pythonic 代码揭秘

```
if keyword in '未审核': val = None
elif keyword in '通过': val = True
elif keyword in '不通过': val = False
```

```
if keyword in '未审核':
    val = None
elif keyword in '通过':
    val = True
elif keyword in '不通过':
    val = False
```

4.2.3 模板设计

1. 管理基模板

用 Sublime Text，在 templates 下创建 admbase.html 管理基模板，代码如下：

```
{% block exfile %}{% endblock %}
{% extends "bootstrap/base.html" %}
{% import "bootstrap/wtf.html" as wtf %}
{% block title %}简历平台{% endblock %}
{% block navbar %}{% endblock %}
{% block content %}
<div id="alert">
    {% for message in get_flashed_messages(with_categories = True) %}
    <div class="alert alert-{{ message[0] }} alert-dismissable">
        <button type="button" class="close" data-dismiss="alert"
        aria-hidden="true">&times;</button>{{ message[1] }}
    </div>
    {% endfor %}
</div>
<div class="container">{% block page_content %}{% endblock %}</div>
<div class="container">
    {% block footer %}
        <hr/><div class="text-center text-muted">
        版权所有，免费使用<br />地址：新疆乌鲁木齐</div>
    {% endblock %}
</div>
{% endblock %}
```

以上代码的主要说明如下。

首先用 {% block exfile %} 模块为扩展插件预留位置，分别用 {% extends "bootstrap/base.html" %} 和

{% import "bootstrap/wtf.html" as wtf %} 继承 Bootstrap 基模板和导入 WTForms 模板（用于快速渲染表单），通过 {% block title %} 模块设置页面标题，用 {% block navbar %} 模块为主菜单预留位置。

然后设置显示 flash 提示信息，将 with_categories 设置为 True；以循环方式读取 flash 信息（因为很多用户同时发送 flash 信息）。注意：alert-{{ message[0] }} 用来确定提示框类型（flash 函数第二个参数），{{ message[1] }} 是提示信息内容（flash 函数第一个参数）。

之后用 {% block page_content %} 模块预留页面内容位置。

最后用 {% block footer %} 模块显示版权信息等页脚内容。

2. 管理主页模板

用 Sublime Text，在 templates 下创建 admined.html 管理主页模板，代码如下：

```
{% extends "admbase.html" %}
{% from "bootstrap/pagination.html" import render_pagination %}
{% block page_content %}
<div class="page-header">
    <div align="center"><h1>管理主页</h1></div>
</div>
<div class="container">
    <div class="row" style='BORDER: 1px inset; padding:10px; '>
        <div><form method="POST">
            {{ form.csrf_token }}
            <div class="form-group">
            <div class="col-md-2">
                {{ form.field(class='form-control') }}</div>
            <div class="col-md-2">
                {{ form.keyword(class='form-control') }}</div>
            <button name="search" type="submit" value="search"
                class="btn btn-success">
                <span class="glyphicon glyphicon-search"></span>搜索</button>
            <button class="btn btn-default"
                onclick="location.reload()">
                <span class="glyphicon glyphicon-ban-circle"></span>取消</button>
            <a class="btn btn-warning" data-toggle="modal"
                href="#modal_submit">
                <span class="glyphicon glyphicon-trash"></span>删除</a>
        </div>
        <div class="container">
        <div class="modal" id="modal_submit">
            <div class="modal-dialog">
                <div class="modal-content">
                    <div class="modal-header">
                    <button type="button"
```

```
                    class="close" data-dismiss="modal">
                    <span aria-hidden="true">&times;</span>
                    <span class="sr-only">close</span>
                </button>
                <h4 class="modal-title text-center">请确认</h4>
            </div>
            <div class="modal-body">确定删除吗？</div>
            <div class="modal-footer">
                <button name="delete" type="submit" value="delete"
                class="btn btn-danger btn-sm">
                <span class="glyphicon glyphicon-trash"></span>删除</button>
                <button class="btn btn-default"data-dismiss="modal">
                <span class="glyphicon glyphicon-ban-circle">取消</button>
            </div>
          </div>
        </div>
      </div>
    </form>
    </div>
    {% include "admined_table.html" %}
    {% if users and nosearch %}
        <div class="page-footer text-center">
            {{ render_pagination(pagination) }}
        </div>
    {% endif %}
    </div>
</div>
{% endblock %}
```

以上代码的主要说明如下。

管理主页模板继承了 admbase.html 基模板，导入了 render_pagination 模块用于分页显示用户信息，用 <div class="page-header"> 标签设置页头。

在 form 表单里用 {{ form.csrf_token }} 开启 CSRF 校验。表单上的各组件均以 <div class="form-group"> 标签显示在指定的位置，其中 field 和 keyword 组件各占两个网格 [class="col-md-2"，因为这两个组件采用 form-control 属性（form-control 属性组件独占一行），所以我们通过网格来控制 field 和 keyword 组件在同一行中显示]。然后是 3 个按钮，第一个按钮是"搜索"按钮，其 name 和 value 属性值必须与管理主页表单中定义的"搜索"按钮的 name 属性值一致，是 search；第二个按钮是"取消"按钮，这个按钮没有在管理主页表单中定义，它只是通过 onclick 事件来重新刷新页面，通过刷新页面取消搜索结果，恢复页面搜索前的状态；第三个按钮是"删除"按钮，这个按钮的功能是调用 id 为 modal_submit 的模态对话框，作用是单击"删除"按钮时，显示一个确认模态对话框，让用户确认是否真正删除。

模态对话框定义在 <div class="container"> 标签中，用 modal-title 设置模态对话框标题，用 modal-body 设置确认的信息内容。在 modal-footer 里定义两个按钮：一个是"删除"按钮，这个按钮与管理主页表单中定义的"删除"按钮相对应，其 name 和 value 属性值必须与管理主页表单中定义的"删除"按钮的 name 属性值一致（在模态对话框中，单击"删除"按钮，则直接删除从后台数据库中搜索出来的所有用户信息）；还有一个是"取消"按钮，这个按钮也没有在管理主页表单中定义，通过 data-dismiss = "modal" 来设置它的取消功能。

在模态对话框代码后，用 include 插入用来显示用户信息的表格的 admined_table.html 文件（下面将介绍其代码）。

最后如果 users 存在且 nosearch 为 True，则调用 render_pagination(pagination) 来分页显示用户信息。

用 Sublime Text，在 templates 下创建 admined_table.html 文件，代码如下：

```html
<div class="text-success" style='overflow-y: scroll;'>
    <table class="table table-bordered" >
        <thead>
            <th width="10%" class='text-center'>姓名</th>
            <th width="5%" class='text-center'>性别</th>
            <th width="5%" class='text-center'>年龄</th>
            <th width="10%" class='text-center'>文化程度</th>
            <th width="5%" class='text-center'>照片</th>
            <th width="5%" class='text-center'>爱好</th>
            <th class='text-center'>特长</th>
            <th width="6%" class='text-center'>审核</th>
            <th width="10%" class='text-center'>操作</th>
        </thead>
    </table>
</div>
<div style='overflow-y: scroll; height: 300px;'>
    <table class="table table-striped table-bordered" >
    {% if users %}{% for user in users %}
        <tr>
            <td width="10%">{{ user.name }}</td>
            <td width="5%" >
            {% if user.gender == True %}男{% else %}女{% endif %}</td>
            <td width="5%" >{{ now.year-user.birthday.year }}</td>
            <td width="5%" >
                {% if user.education == '1' %}高职
                {% elif user.education == '2' %}本科
                {% elif user.education == '3' %}硕士
                {% elif user.education == '4' %}博士
                {% endif %}
```

```html
            </td>
            <td width="5%" style="text-align:center">
               <img src= '/static/image/{{ user.image }}'
                  width="30" height="40" />
            </td>
            <td width="5%" >
               {% for i in user.hobby %}
               {% if i == '1' %}篮球{% elif i == '2' %}足球
               {% elif i == '3' %}健身{% elif i == '4' %}其他
               {% endif %}{% endfor %}
            </td>
            <td>{{ user.skill }}...</td>
            <td width="6%" >
               {% if user.verify == None %}
                  <span class="text-warning">未审核</span>
               {% elif user.verify == True %}
                  <span class="text-success">通过</span>
               {% else %}
                  <span class="text-danger">不通过</span>
               {% endif %}
            </td>
            <td width="10%" > [编辑按钮组] </td>
         </tr>
      {% endfor%}{% endif %}
      </table>
</div>
```

以上代码的主要说明如下。

用两个表格来实现当表格内容滚动时表格标题栏不滚动的效果，其中第一个表格显示标题，第二个表格显示滚动的内容（用 style='overflow-y: scroll;' 来对表格添加滚动条，第一个表格添加滚动条是为了让它的宽度与第二个表格的宽度保持一致，起占位作用）。

第二个表格通过 {% for user in users %} 循环，逐一读取 users 列表里的用户信息，并将相应的字段内容显示在管理主页模板指定的占位符所在的相应位置。注意：第二个表格的最后一列 <td width="10%" > [编辑按钮组] </td> 是为将在 4.3 节实现的编辑按钮组预留位置。

4.2.4　运行结果

打开统信 UOS 终端，进入 www 文件夹，执行 python3 app.py 启动 Flask 自带的服务器（如果服务器已经启动，则跳过此步骤）。

```
$ cd www
$ python3 app.py
```

打开浏览器，在地址栏输入 127.0.0.1:5000/admin 并按 Enter 键，打开管理员登录页面。在管理员登录页面，输入管理员邮箱、管理员密码（不要选择"登录 Flask-Admin 后台"复选框），单击"管理员登录"按钮，可登录管理主页，如图 4-4 所示。

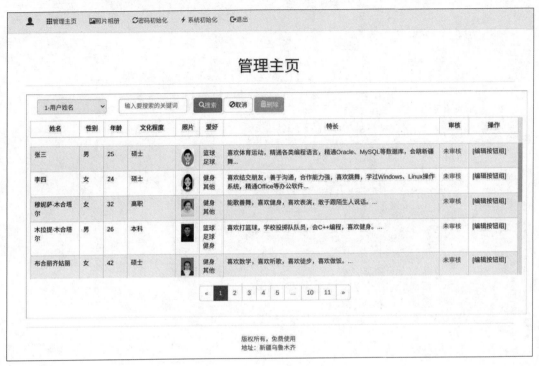

图 4-4　管理主页

在图 4-4 所示的管理主页，单击左上角的下三角按钮，从弹出的下拉列表中选择要搜索的字段名称，在其右边的输入框中输入要搜索的关键词，单击"搜索"按钮，可搜索符合条件的用户信息。如果找不到符合条件的用户，则显示"×××不存在"提示信息；如果找到了符合条件的用户，则在表格中列出符合条件的用户的信息。这时如果我们单击"删除"按钮，可删除列出来的所有用户信息；如果单击"取消"按钮，可撤销搜索条件，显示搜索前的所有用户信息。

4.3　编辑功能

4.3.1　表单设计

在第 3 章实现用户注册功能时，因为用户注册页面内容较多，所以我们定义了两个表单来实现。

在这一节介绍的信息编辑功能中,我们把两个表单合并成一个表单来实现,代码如下:

```python
class EditForm(FlaskForm):
    email = StringField('邮箱:',
        validators = [DataRequired(),Email('邮箱格式错误')],
        render_kw = {'placeholder': u'输入邮箱地址(登录用)'})
    password = PasswordField('密码:',
        validators = [DataRequired(), Length(6, 18)],
        render_kw={'placeholder': u'输入密码(6-18位)'})
    confirm = PasswordField('确认密码:',
        validators = [DataRequired(), Length(6, 18), \
            EqualTo('password', "密码不一致")],
        render_kw = {'placeholder': u'再次输入密码(两次密码必须一致)'})
    name = StringField('姓名:', validators = [DataRequired()],
        render_kw = {'placeholder': u'请输入姓名'})
    gender = RadioField('性别:', choices = [(1,'男'),(0,'女')],
        validators = [DataRequired()])
    birthday = DateField('出生日期:')
    education = SelectField('文化程度:',
        choices = [('1', '1-专科'),('2', '2-本科'), \
            ('3', '3-硕士'), ('4', '4-博士')],
        validators = [DataRequired()])
    image = FileField('照片:',
        validators = [FileAllowed(['jpeg', 'jpg', 'png', 'gif'],'上传图片')],
        render_kw = {"style" : "width:100%; border: 1px solid; \
            border-color:silver; padding:4px;border-radius:4px;"})
    hobby = SelectMultipleField('爱好:',
        choices = (('1', '1-篮球'), ('2', '2-足球'), \
            ('3', '3-健身'), ('4', '4-其他')))
    skill = TextAreaField('特长:', validators = [DataRequired()],
        render_kw={'placeholder': u'请输入个人特长', 'rows': 3}) #3行
    submit = SubmitField('修改',
        render_kw = {"style" : "background:#28a745; color : white;"})
```

以上代码的主要说明如下。

定义了 EditForm 表单类(第 3 章中 RegistForm1 和 RegistForm2 表单类的合并类),其继承 FlaskForm。在 EditForm 表单内,分别定义了邮箱输入框(StringField)、密码输入框(PasswordField)、确认密码输入框(PasswordField)、姓名输入框(StringField)、性别单选按钮(RadioField)、出生日期选择框(DateField)、文化程度下拉列表框(SelectField)、照片文件选择框(FileField)、爱好列表式多选框(SelectMultipleField)、特长文本输入区域框(TextAreaField)、修改按钮(SubmitField)等组件,并设置了各组件相关属性,其中 name 为

组件名称，label 为组件标签，validators 为验证器（即对组件输入内容的有效性进行验证），choices 为选项内容子项列表，render_kw 为控制组件渲染内容的属性（即把需要添加的属性以键值对的形式写进去）。

因为 FileField 组件不是从 wtforms 导入的，所以其显示样式与其他组件不同，为了使其显示样式与其他组件一样，我们用 render_kw 来设置其样式为 "style" : "width: 100%; border: 1px solid; border-color: silver; padding: 4px; border-radius: 4px;"（即独占一行、有边框、边框颜色为灰色、圆角）。EditForm 各组件及其属性、值如表 4-3 所示。

表 4-3　EditForm 各组件及其属性、值

序号	组件	属性	值
1	StringField	name	email
		label	邮箱：
		validators	DataRequired(), Email(' 邮箱格式错误 ')
		render_kw	'placeholder': u' 输入邮箱地址（登录用）'
2	PasswordField	name	password
		label	密码：
		validators	DataRequired(), Length(6, 18)
		render_kw	'placeholder': u' 输入密码（6-18 位）'
3	PasswordField	name	confirm
		label	确认密码：
		validators	DataRequired(), Length(6, 18), EqualTo('password', " 密码不一致 ")
		render_kw	'placeholder': u' 再次输入密码（两次密码必须一致）'
4	StringField	name	name
		label	姓名：
		validators	DataRequired()
		render_kw	'placeholder': u' 请输入姓名 '
5	RadioField	name	gender
		label	性别：
		validators	DataRequired()
		choices	(1, ' 男 '), (0, ' 女 ')

续表

序号	组件	属性	值
6	DateField	name	birthday
		label	出生日期:
7	SelectField	name	education
		label	文化程度:
		validators	DataRequired()
		choices	('1', '1- 专科 '), ('2', '2- 本科 '), ('3', '3- 硕士 '), ('4', '4- 博士 ')
8	FileField	name	image
		label	照片:
		validators	FileAllowed(['jpeg', 'jpg', 'png', 'gif'], ' 上传图片 ')
		render_kw	"style" : "width: 100%; border: 1px solid; border-color: silver; padding: 4px; border-radius: 4px;"
9	SelectMultipleField	name	hobby
		label	爱好:
		choices	('1', '1- 篮球 '), ('2', '2- 足球 '), ('3', '3- 健身 '), ('4', '4- 其他 ')
10	TextAreaField	name	skill
		label	特长:
		validators	DataRequired()
		render_kw	'placeholder': u' 请输入个人特长 ', 'rows': 3
11	SubmitField	name	submit
		label	修改
		render_kw	"style" : "background:#28a745; color : white;"

4.3.2 视图设计

用 Sublime Text 向 app.py 添加以下信息编辑视图函数代码:

```
@app.route('/edit/<int:userid>', methods=['GET','POST'])
@login_required
def edit(userid):
```

```python
    if current_user.isadmin == False:
        flash('请先登录','danger')
        return redirect(url_for('admin'))
    form = EditForm()
    user = User.query.get(userid)
    if not user:
        flash('没有用户信息','danger')
        return redirect(url_for('admin'))
    if request.method == 'POST':
        name = form.name.data
        gender = True if form.gender.data == '1' else False
        birthday = form.birthday.data
        education = form.education.data
        if form.image.data: #已选照片
            image = user.image.split('.')[0] + '.' + \
                form.image.data.filename.split('.')[1]
            form.image.data.save('static/image/' + image)
        else: image = user.image
        email = form.email.data
        hobby = ''.join(form.hobby.data)
        skill = form.skill.data
        #写入用户信息
        User.query.filter_by(id = userid).update({'name': name,
            'gender' : gender, 'birthday' : birthday,
            'education' : education, 'image' : image,
            'email' : email, 'hobby' : hobby, 'skill' : skill})
        db.session.commit()
        flash('保存成功','success')
        return redirect(url_for('admined'))
    form.name.data=user.name
    form.gender.data = '1' if user.gender == True else '0'
    form.birthday.data = user.birthday
    form.education.data = user.education
    form.email.data = user.email
    form.hobby.data = user.hobby
    form.skill.data = user.skill
    return render_template('edit.html',
        image = '/static/image/' + user.image, form = form)
```

以上代码的主要说明如下。

首先设置视图函数 URL 路径和 GET、POST 方法，与以前的视图函数 URL 路径不一样的是，本视图函数在调用时需要输入名为 userid 的整数参数；设置登录后方可访问的限制。

然后定义 edit 视图函数实例，在 edit 视图函数内，为了防止普通用户登录后在浏览器地址栏直接输入 edit 视图函数 URL 地址并按 Enter 键来对用户信息进行编辑，对 current_user（当前用户）进行如下判断。

如果当前用户不是管理员，则显示"请先登录"提示信息，并调用 redirect 转向管理员登录页面。如果当前用户是管理员，则调用 EditForm 表单类创建 form 表单实例；通过 edit 视图函数输入的参数 userid，获取该用户信息并赋值给 user。

- 如果用户不存在，则显示"没有用户信息"提示信息并调用 redirect 转向管理员登录页面。
- 如果用户存在，则判断"修改"按钮是否被单击。如果"修改"按钮被单击（注意：这里不用 form.validate_on_submit 而是用 request.method == 'POST' 来判断"修改"按钮是否被单击，否则无法提交修改后的内容），则读取表单上各组件的数据（注意性别、照片和爱好组件的数据的获取方法，因为后台数据库中性别字段定义的类型为 Boolean，而从表单性别组件中读出来的数据类型为字符串，男性为"1"，女性为"0"，所以需要对从表单组件中读出来的数据进行转换）。
    - 如果选择了新的照片文件，则用新的照片替换原来的照片（以原照片文件名和新上传的照片文件扩展名形成新的照片文件全名，把新的照片上传到服务器 static/image 文件夹下，并将 User 表中该用户的 image 字段内容换成新的照片文件全名）。
    - 如果用户没有选择新的照片文件，则保留原照片。

因为爱好列表式多选框的内容是列表，不能直接赋值给字符串变量，所以我们先把列表转换成字符串（在第 3 章用户注册里我们是用循环来替换的，这里用不同的 join 方法）。

调用 update 把修改后的用户信息写入后台数据库，显示"保存成功"提示信息并调用 redirect 转到管理主页。

最后从数据库中读取用户信息，调用 render_template 渲染编辑页面。

Pythonic 代码揭秘

```
form.gender.data = '1' if user.gender == True else '0'
if user.gender == True:
    form.gender.data = '1'
else:
    form.gender.data = '0'
```

4.3.3 模板设计

用 Sublime Text 在 templates 下创建 edit.html 模板,代码如下:

```
{% extends "admbase.html" %}
{% block page_content %}
<div class="page-header">
    <div align="center"><h1>信息编辑</h1></div>
</div>
<div class="container">
    <div class="row" style='BORDER: 1px inset; padding:10px;'>
        {{ wtf.quick_form(form) }}
    </div>
</div>
{% endblock %}
```

以上代码的主要说明如下。

首先用 {% extends "admbase.html" %} 继承基模板。然后在 {% block page_content %} 模块内,用 {{ wtf.quick_form(form) }} 快速渲染 edit 表单。

用 Sublime Text 打开在 templates 下的 admined.html 管理主页模板,在 admined.html 管理主页模板中,在 [编辑按钮组] 字样所在的位置输入以下代码:

```
...
<div class="btn-group-vertical">
    <a class="btn btn-primary btn-sm"
        href="{{ url_for('edit', userid=user.id) }}">
        <span class="glyphicon glyphicon-edit"></span>编辑
    </a>
</div>
...
```

以上代码的核心是 {{ url_for('edit', userid=user.id) }},其功能是单击"编辑"按钮时,将以该"编辑"按钮所在行的 user 的 id 作为输入参数,调用编辑信息视图函数 edit。

4.3.4 运行结果

打开统信 UOS 终端,进入 www 文件夹,执行 python3 app.py 启动 Flask 自带的服务器(如果服务器已经启动,则跳过此步骤)。

```
$ cd www
$ python3 app.py
```

打开浏览器,在地址栏输入 127.0.0.1:5000/admin 并按 Enter 键,打开管理员登录页面。在管理员登录页面,输入管理员邮箱、密码,单击"管理员登录"按钮,登录管理主页(这时我们会看到在管理主页中表格的"操作"列显示"编辑"按钮）。单击某用户对应的"编辑"按钮，可打开该用户信息编辑页面，如图 4-5 所示。在信息编辑页面，修改用户信息后单击"修改"按钮，可修改用户信息。

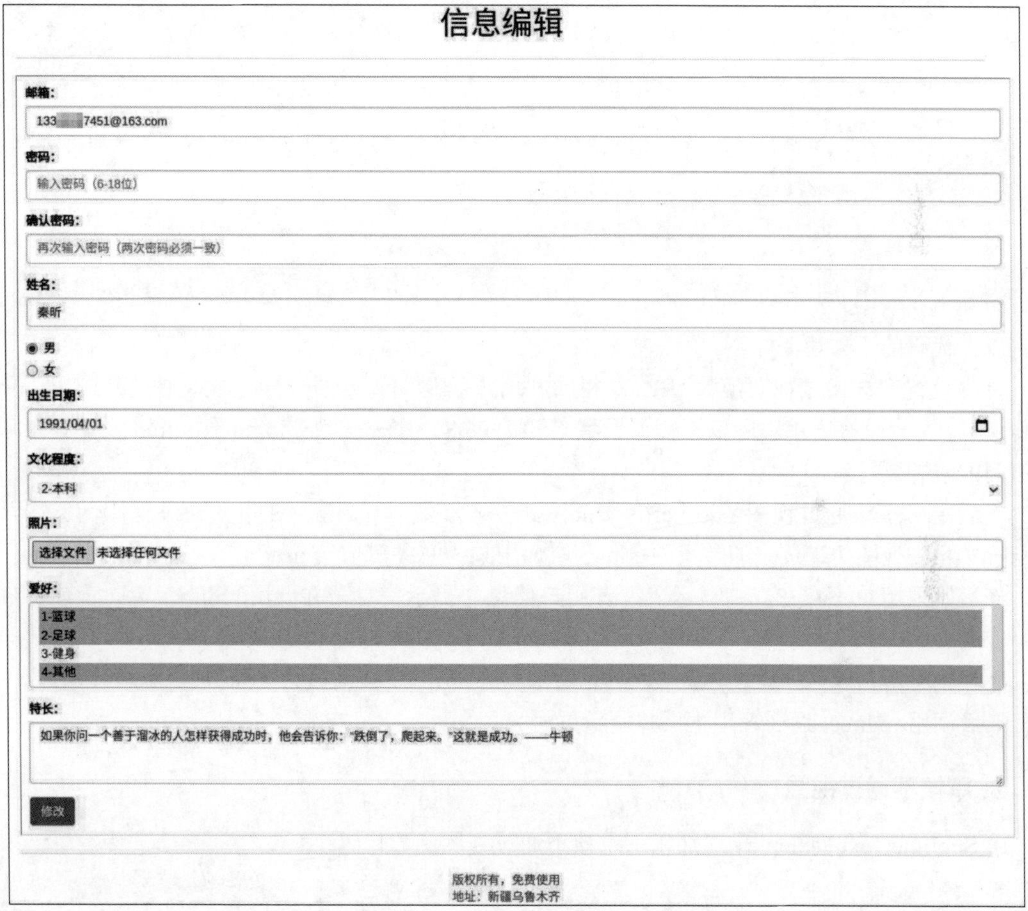

图 4-5　信息编辑页面

4.4　审核功能

审核功能不需要表单，所以不用设计表单类，我们直接设计审核视图函数。

4.4.1　视图设计

审核功能需要审核通过和审核不通过两个视图函数。

1. 审核通过视图

用 Sublime Text 向 app.py 添加以下审核通过视图函数代码：

```
@app.route('/verify_true/<int:userid>')
@login_required
def verify_true(userid):
    user = User.query.get(userid)
    if not user:
        flash('没有用户信息','danger')
        return redirect(url_for('admin'))
    user.verify = True
    db.session.commit()
    return redirect(url_for('admined'))
```

以上代码的主要说明如下。

首先设置审核通过视图函数 URL 路径（和用户信息编辑视图一样，审核通过视图也需要参数传递），因为没有表单，所以不需要设置 GET、POST 方法；用 @login_required 设置登录后方可访问的限制。

然后定义审核通过视图函数 verify_true，其输入参数为 userid。在审核通过视图函数内，通过 verify_true 视图传递过来的参数 userid 获取该用户信息并赋值给 user。

- 如果用户不存在，则显示"没有用户信息"提示信息，并调用 redirect 转向管理员登录页面。
- 如果用户存在，则在 User 表中把该用户的 verify 字段值改为 True 来实现审核通过。

最后调用 redirect 返回管理主页并刷新页面。

2. 审核不通过视图

用 Sublime Text 向 app.py 添加以下审核不通过视图函数代码：

```
@app.route('/verify_false/<int:userid>')
@login_required
def verify_false(userid):
    user = User.query.get(userid)
    if not user:
        flash('没有用户信息','danger')
        return redirect(url_for('admin'))
    user.verify = False
    db.session.commit()
    return redirect(url_for('admined'))
```

以上代码的主要说明如下。

首先设置审核不通过视图函数 URL 路径，因为没有表单，所以审核不通过视图不需要设置

GET、POST 方法；用 @login_required 设置登录后方可访问的限制。

然后定义审核不通过视图函数 verify_false，其输入参数为 userid。在审核不通过视图函数内，通过 verify_false 视图传递过来的参数 userid 获取该用户信息并赋值给 user。

- 如果用户不存在，则显示"没有用户信息"提示信息，并调用 redirect 转向管理员登录页面。
- 如果用户存在，则在 User 表中把该用户的 verify 字段值改为 False 来实现审核不通过。

最后调用 redirect 返回管理主页并刷新页面。

4.4.2 模板设计

因为审核通过和审核不通过视图函数不需要用户界面，所以也不需要设计模板。我们只是在 admined.html 模板的"编辑"按钮所在位置后添加"审核"按钮组代码，代码如下：

```
<div class="btn-group">
    <button type="button"
        class="btn btn-warning btn-sm dropdown-toggle"
        data-toggle="dropdown" aria-expanded="false">审核
        <span class="caret"></span>
    </button>
    <lu class="dropdown-menu dropdown-menu-right">
        <li><a class="dropdown-item"
            href="{{ url_for('verify_true', userid=user.id) }}">
            <span class="glyphicon glyphicon-ok"></span>通过</a></li>
        <li class="divider"></li>
        <li><a class="dropdown-item"
            href="{{ url_for('verify_false',userid=user.id) }}">
            <span class="glyphicon glyphicon-remove"></span>
            不通过</a></li>
    </lu>
</div>
```

以上代码的主要说明如下。

定义一个"审核"按钮组，其子菜单项有"通过"和"不通过"，这两个子菜单项之间有一个分隔符 `<li class="divider"></li>`。

4.4.3 运行结果

打开统信 UOS 终端，进入 www 文件夹，执行 python3 app.py 启动 Flask 自带的服务器（如果服务器已经启动，则跳过此步骤）。

```
$ cd www
$ python3 app.py
```

打开浏览器，在地址栏输入 127.0.0.1:5000/admin 并按 Enter 键，打开管理员登录页面。在管理员登录页面，输入管理员邮箱、密码，单击"管理员登录"按钮，登录管理主页，如图 4-6 所示（这个时候，管理主页中表格的"操作"列的"编辑"按钮下方出现"审核"按钮）。单击"审核"按钮，显示下拉菜单，子菜单项有"通过"和"不通过"，单击相应的子菜单项可进行相应的操作。

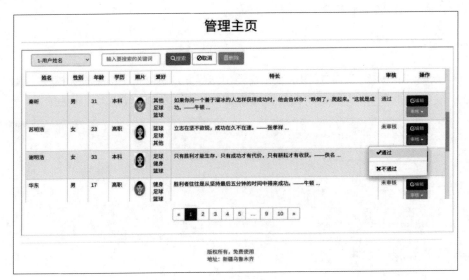

图 4-6 "审核"按钮组

4.5 删除用户功能

与审核功能一样，删除用户功能也不需要表单，我们只设计视图函数。

4.5.1 视图设计

用 Sublime Text 向 app.py 添加以下删除用户视图函数代码：

```
@app.route('/delete/<int:userid>', methods=['POST'])
@login_required
def delete(userid):
    if current_user.isadmin == False:
        flash('请先登录','danger')
        return redirect(url_for('admin'))
    user = User.query.get(userid)
    if not user:
```

```
    flash('没有用户信息','danger')
    return redirect(url_for('admin'))
db.session.delete(user)
db.session.commit()
path = 'static/image/' + user.image
if os.path.exists(path): os.remove(path)
flash(f'{user.username}删除成功','success')
return redirect(url_for('admined'))
```

以上代码的主要说明如下。

首先设置删除用户视图函数 URL 路径和 POST 方法（注意："审核"按钮组不设置 GET、POST 方法，而"删除"按钮只设置 POST 方法），设置登录后方可访问的限制。

然后定义删除用户视图函数 delete，其输入参数为 userid（要删除的用户 id）。在 delete 视图函数内，为了防止普通用户先登录用户主页，然后在浏览器地址栏直接输入 URL 并按 Enter 键来访问该函数，对 current_user（当前用户）进行如下判断。

- 如果当前用户不是管理员，则显示"请先登录"提示信息并调用 redirect 转向管理员登录页面。
- 如果当前用户是管理员，则通过 delete 视图函数传递过来的参数 userid 获取用户信息并赋值给 user。
  - 如果用户不存在，则显示"没有用户信息"提示信息并调用 redirect 转向管理员登录页面。
  - 如果用户存在，则调用 db.session.delete(user)把该用户信息从后台数据库中删除，同时调用 os.remove(path)把该用户上传到服务器 static/image/下的照片删除。

最后调用 redirect 返回管理主页并刷新页面。

Pythonic 代码揭秘

```
if os.path.exists(path): os.remove(path)

if os.path.exists(path):
    os.remove(path)
```

4.5.2 模板设计

因为删除用户视图函数不需要用户界面，所以不需要设计模板。我们在 admined.html 模板的"编辑"按钮所在位置后添加"删除"按钮代码，代码如下：

```
<form class="inline" method="POST"
    action="{{ url_for('delete', userid=user.id) }}">
```

```html
        <button type="submit" class="btn btn-danger btn-sm"
            onclick="return confirm('真的要删除吗？');">
            <span class="glyphicon glyphicon-trash"></span>删除
        </button>
</form>
```

以上代码的主要说明如下。

把"删除"按钮放在 form 表单中且设计了 POST 方法，然后将 form 的 action 属性设置为 {{ url_for('delete', userid=user.id) }}。

当用户单击"删除"按钮时，触发 onclick 事件显示"真的要删除吗？"确认对话框（在用户信息编辑 edit 模板处，我们用模态对话框来实现确认对话框功能，这里用了不同的实现方式），询问用户是否真的要删除该用户。

- 如果在确认对话框中单击"确定"按钮，则通过 action 属性设置的 delete 删除视图来删除该用户信息并显示提示信息。
- 如果在确认对话框中单击"取消"按钮，则不进行任何操作，返回管理主页。

4.5.3 运行结果

打开统信 UOS 终端，进入 www 文件夹，执行 python3 app.py 启动 Flask 自带的服务器（如果服务器已经启动，则跳过此步骤）。

```
$ cd www
$ python3 app.py
```

打开浏览器，在地址栏输入 127.0.0.1:5000/admin 并按 Enter 键，打开管理员登录页面。在管理员登录页面，输入管理员邮箱、密码，单击"管理员登录"按钮，登录管理主页（这个时候，管理主页中表格的"操作"列的"审核"按钮下方出现"删除"按钮）。单击"删除"按钮，显示确认对话框，在确认对话框中单击"确定"按钮即可删除该用户，如图 4-7 所示。

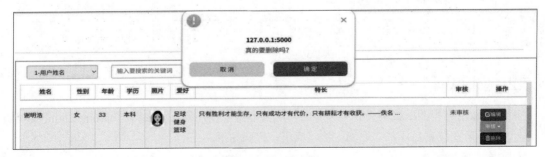

图 4-7 删除用户

4.6 密码初始化

4.6.1 表单设计

用 Sublime Text 向 app.py 添加以下密码初始化表单类代码：

```
class InitpwdForm(FlaskForm):
    email = StringField('邮箱：',
        validators = [DataRequired(),Email('邮箱格式错误')],
        render_kw = {'placeholder': u'输入邮箱地址'})
    submit = SubmitField('密码初始化',
        render_kw = {"style" : "background:#ffc107; color : white;"})
```

以上代码的主要说明如下。

定义了 InitpwdForm 表单类，该类继承 FlaskForm。在 InitpwdForm 表单类内，分别定义了邮箱输入框（StringField）和密码初始化按钮（SubmitField）。InitpwdForm 表单类各组件及其属性、值如表 4-4 所示。

表 4-4　InitpwdForm 表单类各组件及其属性、值

序号	组件	属性	值
1	StringField	name	email
		label	邮箱：
		validators	DataRequired(), Email(' 邮箱格式错误 ')
		render_kw	'placeholder': u' 输入邮箱地址 '
2	SubmitField	name	submit
		label	密码初始化
		render_kw	"style" : "background:#ffc107; color : white;"

4.6.2 视图设计

用 Sublime Text 向 app.py 添加以下密码初始化视图函数代码：

```
@app.route('/initpwd',methods=['GET','POST'])
@login_required
```

```python
def initpwd():
    if current_user.isadmin == False:
        flash('请先登录','danger')
        return redirect(url_for('admin'))
    form = InitpwdForm()
    if form.validate_on_submit():
        email = form.email.data
        user = User.query.filter_by(email = email).first()
        if user:
            password = generate_password_hash('123456')
            user.password = password
            db.session.commit()
            flash(email + '的初始密码为: 123456','success')
        else: flash(email + '不存在!','warning')
    if form.errors: flash(form.errors,'danger')
    return render_template("initpwd.html", form=form)
```

以上代码的主要说明如下。

首先设置了密码初始化视图函数 URL 路径和 GET、POST 方法，随后设置了登录后方可访问。

然后定义了 initpwd 视图函数。在 initpwd 视图函数内，为了防止用户先登录用户主页，在浏览器地址栏直接输入 URL 并按 Enter 键访问该函数，对 current_user（当前用户）进行判断。

- 如果当前用户不是管理员，则显示"请先登录"提示信息，并调用 redirect 转向管理员登录页面。
- 如果当前用户是管理员，则调用 InitpwdForm 创建 form 表单。如果"密码初始化"按钮被单击，判断表单提交内容是否有效。
  - 如果表单提交内容有效，则从表单中获取用户邮箱，从后台数据库中搜索该邮箱的用户。如果用户存在，则将该用户的密码初始化为"123456"（生成hash密码），显示"×××的初始密码为：123456"提示信息，密码初始化成功。如果用户不存在，则显示"×××不存在！"提示信息。
  - 如果表单提交内容有误，显示form.errors错误信息。

最后调用 render_template 渲染密码初始化模板。

4.6.3 模板设计

1. 添加主菜单

在 admbase.html 管理基模板的 {% block navbar %} 模块内，添加以下主菜单代码：

```
{% block navbar %}
<div class="navbar navbar-default" role="navigation">
    <div class="container"><div class="navbar-header">
        <button type="button" class="navbar-toggle"
            data-toggle="collapse" data-target=".navbar-collapse">
            <span class="sr-only">Toggle navigation</span>
            <span class="icon-bar"></span>
            <span class="icon-bar"></span>
            <span class="icon-bar"></span>
        </button>
        <a class="navbar-brand" href="/admin">
            <span class="glyphicon glyphicon-user"></span></a>
    </div>
    <div class="navbar-collapse collapse">
    <ul class="nav navbar-nav me-auto">
        <li><a href="/admined">
            <span class="glyphicon glyphicon-th"></span>管理主页</a>
        </li>
        <li><a href="/initpwd">
            <span class="glyphicon glyphicon-refresh"></span>
            密码初始化</a>
        </li>
        <li><a href="{{ url_for('logout') }}">
            <span class="glyphicon glyphicon-log-out"></span>退出</a>
        </li>
    </ul>
    </div></div>
</div>
{% endblock %}
```

以上代码的主要说明如下。

定义了一个自适应式主菜单，其子菜单项有"管理主页""密码初始化""退出"。单击"管理主页"子菜单项，则打开管理主页；单击"密码初始化"子菜单项，则打开密码初始化页面；单击"退出"子菜单项，则调用 logout 视图函数（在第 3 章实现过），退出管理主页。

2. 密码初始化模板

用 Sublime Text，在 templates 下创建密码初始化模板 initpwd.html，代码如下：

```
{% extends "admbase.html" %}
{% block page_content %}
<div class="page-header">
    <div align="center"><h1>密码初始化</h1></div>
</div>
```

```
<div class="container">
   <div class="row" style='BORDER: 1px inset; padding:10px;'>
      {{ wtf.quick_form(form) }}
   </div>
</div>
{% endblock %}
```

以上代码的主要说明如下。

首先让 initpwd.html 模板继承 admbase.html 管理基模板。

然后设置页面标题。

最后用 {{ wtf.quick_form(form) }} 快速渲染密码初始化表单。

4.6.4 运行结果

打开统信 UOS 终端，进入 www 文件夹，执行 python3 app.py 启动 Flask 自带的服务器（如果服务器已经启动，则跳过此步骤）。

```
$ cd www
$ python3 app.py
```

打开浏览器，在地址栏输入 127.0.0.1:5000/admin 并按 Enter 键，打开管理员登录页面。在管理员登录页面，输入管理员邮箱、密码，单击"管理员登录"按钮，登录管理主页。我们会发现管理主页顶部多了主菜单。单击主菜单上的"密码初始化"子菜单项，显示密码初始化页面，如图 4-8 所示。在密码初始化页面，输入要初始化密码的用户邮箱，单击"密码初始化"按钮，系统会初始化后台密码，并给出提示信息。

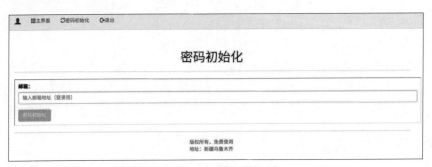

图 4-8　密码初始化页面

4.7　系统初始化

系统初始化功能是指删除在服务器上用户生成的所有文件和数据库中的所有用户信息。

4.7.1　表单设计

用 Sublime Text 向 app.py 添加以下系统初始化表单类代码：

```
class InitsysForm(FlaskForm):
    deldir = BooleanField('删除用户文件')
    initdb = BooleanField('数据库初始化')
    submit = SubmitField('系统初始化',
        render_kw = {"style" : "background:red; color : white;"})
```

以上代码的主要说明如下。

定义了 InitsysForm 表单类，该类继承 FlaskForm。在 InitsysForm 表单类内，分别定义了"删除用户文件"和"数据库初始化"两个 BooleanField 类型的复选框，分别命名为 deldir 和 initdb；定义了"系统初始化"提交按钮（SubmitField）并将其命名为 submit。InitsysForm 表单类各组件及其属性、值如表 4-5 所示。

表 4-5　InitsysForm 表单类各组件及其属性、值

序号	组件	属性	值
1	BooleanField	name	deldir
		label	删除用户文件
2	BooleanField	name	initdb
		label	数据库初始化
3	SubmitField	name	submit
		label	系统初始化
		render_kw	"style" : "background:red; color : white;"

4.7.2　视图设计

首先定义一个删除指定文件夹里所有文件的函数，名为 delfile。用 Sublime Text 向 app.py 添加以下代码：

```
def delfile(path):
    for i in os.listdir(path) :
        file = path + "/" + i
        if os.path.isfile(file) == True:
            os.remove(file)
```

以上代码的主要说明如下。

定义了名为 delfile 的函数，函数输入参数为 path，即要删除里面所有文件的文件夹路径。在 delfile 函数内，首先用 os.listdir(path) 获取指定文件夹 path 下的所有文件相对路径，然后通过循

环逐一生成每个文件的绝对路径并赋值给 file，之后用 os.path.isfile(file) 判断 file 是不是文件，如果是文件，则用 os.remove(file) 来删除该文件。

然后我们定义系统初始化视图函数，用 Sublime Text 向 app.py 添加以下代码：

```python
@app.route('/initsys', methods=['GET', 'POST'])
@login_required
def initsys():
    if current_user.isadmin == False:
        flash('请先登录','danger')
        return redirect(url_for('admin'))
    form = InitsysForm()
    if form.validate_on_submit():
        deldir = form.deldir.data
        initdb = form.initdb.data
        message = ''
        if deldir:
            message = '删除用户文件'
            path = 'static/image'; delfile(path)
            path = 'static/file'; delfile(path)
        if initdb:
            message += '数据库初始化'
            db.session.query(User).filter_by(isadmin = \
                False).delete()
            db.session.commit()
        flash(message + '完毕！','success')
        return redirect(url_for('admin'))
    if form.errors: flash(form.errors,'danger')
    return render_template("initsys.html", form=form)
```

以上代码的主要说明如下。

首先设置系统初始化视图函数 URL 路径和 GET、POST 方法，设置登录后方可访问。

然后定义系统初始化视图函数 initsys，在系统初始化视图函数内，为了防止用户先登录用户主页，然后在浏览器地址栏直接输入 URL 并按 Enter 键访问该函数，对 current_user（当前用户）进行判断。

- 如果当前用户不是管理员，则显示"请先登录"提示信息并调用 redirect 转向管理员登录页面。
- 如果当前用户是管理员，则调用 InitsysForm 创建 form 表单。
    - 如果"系统初始化"按钮被单击且表单提交内容有效，则从表单中分别读取"删除用户文件"和"数据库初始化"复选框的状态。如果"删除用户文件"复选框被选上，则调用 delfile 函数，分别删除 static/image（用户照片）和 static/file（系统生成的用户简历 Word 文档）文件夹里面的所有文件。如果"数据库初始化"复选框被选上,则删除User表里面的所有用户数据。完成以上两个操作后显示"完毕!"提示信息。
- 如果表单提交内容有误,则警告用户并显示form.errors错误信息。

最后通过调用render_template渲染系统初始化模板。

4.7.3 模板设计

首先用Sublime Text向admbase.html管理基模板的主菜单添加以下代码(将这段代码添加到"密码初始化"和"退出"两个子菜单项之间):

```
...
<li>
    <a href="/initsys">
    <span class="glyphicon glyphicon-flash"></span>系统初始化</a>
</li>
...
```

然后用Sublime Text在templates下创建initsys.html系统初始化模板,代码如下:

```
{% extends "admbase.html" %}
{% block page_content %}
<div class="page-header">
    <div align="center"><h1>系统初始化</h1></div>
</div>
<div class="container">
    <div class="row" style='BORDER: 1px inset; padding:10px;'>
        {{ wtf.quick_form(form) }}
    </div>
</div>
{% endblock %}
```

以上代码的主要说明如下。

首先继承admbase.html管理基模板。

然后设置页面标题。

最后用{{ wtf.quick_form(form) }}快速渲染系统初始化表单。

4.7.4 运行结果

打开统信UOS终端,进入www文件夹,执行python3 app.py启动Flask自带的服务器(如果服务器已经启动,则跳过此步骤)。

```
$ cd www
$ python3 app.py
```

打开浏览器，在地址栏输入 127.0.0.1:5000/admin 并按 Enter 键，打开管理员登录页面。在管理员登录页面，输入管理员邮箱、密码，单击"管理员登录"按钮，登录管理主页。我们会发现管理主页上的主菜单多了"系统初始化"子菜单项。单击主菜单上的"系统初始化"子菜单项，显示系统初始化页面，如图 4-9 所示，选择"删除用户文件"和"数据库初始化"复选框，单击"系统初始化"按钮，系统会删除用户文件和后台数据库中的数据，并给出提示信息。

图 4-9　系统初始化页面

4.8　照片相册

照片相册的功能是集中显示所有用户照片，所以不需要表单。

4.8.1　视图设计

用 Sublime Text 向 app.py 添加以下照片相册视图函数代码：

```
@app.route('/album')
@login_required
def album():
   if current_user.isadmin == False:
      flash('请先登录','danger')
      return redirect(url_for('admin'))
   page = request.args.get('page', 1, type = int)
   pagination = User.query.filter_by(isadmin = \
      False).paginate(page, per_page = 20)
   users = pagination.items
   imgrow = []; imgcol = []; iend = 0
   #每行显示5张照片
   for i,u in enumerate(users,1): #i的值从1开始
      imgrow.append(u.image)
      if i % 5 == 0:
         imgcol.append(imgrow); imgrow = []; iend = i
```

```
        imgrow = [u.image for u in users[iend:]]
        imgcol.append(imgrow)
        return render_template("album.html", pagination = pagination,
            users = users,imgcol = imgcol)
```

以上代码的主要说明如下。

首先设置照片相册视图函数 URL 路径（注意：不用设置 GET、POST 方法），随后设置登录后方可访问。

然后定义照片相册视图函数 album。在 album 函数内，为了防止用户先登录用户主页，然后在浏览器地址栏直接输入 URL 并按 Enter 键访问该函数，对 current_user（当前用户）进行判断。

- 如果当前用户不是管理员，则显示提示信息"请先登录"并调用 redirect 转向管理员登录页面。
- 如果当前用户是管理员，则从后台数据库中读取非管理员用户的信息并用 paginate 设定每页显示 20 条信息。然后定义 imgrow 列表、imgcol 列表和 iend 变量。

进入 users 循环进行每行显示 5 张照片的处理，循环 for i,u in enumerate(users,1) 中的 1 表示 i 的值从 1 开始，通过该循环逐一获取用户照片，临时添加到 imgrow 列表中。每取 5 个用户的照片，即 imgrow 的照片数每满 5（通过 i 是否被 5 整除来判断）时，将这 5 个用户的照片添加到 imgcol 列表中（imgcol 列表的每个子项存放 5 个用户的照片），然后清空 imgrow 列表，将 i 的值赋给 iend 变量。用户数量不一定是 5 的倍数，所以我们再用一个 users[iend:] 循环来处理最后不足 5 个的用户的照片。先清空 imgrow 列表，进入 users[iend:] 循环，从 iend 开始逐一获取剩下的不足 5 个的用户的照片添加到 imgrow 列表，循环结束后，把 imgrow 列表的内容追加到 imgcol 列表中。

最后调用 render_template 渲染 album.html 模板，给 album.html 模板传递的参数有 pagination、users、imgcol 等。

Pythonic 代码揭秘

```
if i % 5 == 0:
    imgcol.append(imgrow); imgrow = []; iend = i
```

```
if i % 5 == 0:
    imgcol.append(imgrow)
    imgrow = []
    iend = i
```

Pythonic 代码揭秘

```
imgrow = [u.image for u in users[iend:]]
```

```
imgrow = []
for u in users[iend:]:
    imgrow.append(u.image)
```

4.8.2 模板设计

首先用 Sublime Text 向 admbase.html 管理基模板的主菜单添加以下代码（将这段代码添加到"管理主页"和"密码初始化"两个子菜单项之间）：

```
...
<li><a href="/album">
    <span class="glyphicon glyphicon-picture"></span>照片相册</a>
</li>
...
```

然后用 Sublime Text 在 templates 下创建 album.html 照片相册模板，代码如下：

```
{% extends "admbase.html" %}
{% from "bootstrap/pagination.html" import render_pagination %}
{% block page_content %}
<div class="page-header">
    <div align="center"><h1>照片相册</h1></div>
</div>
<div class="container">
    <div class="row" style='height: 480px; overflow-y :scroll;
       BORDER: 1px inset; padding:10px;'>
       <table class="table table-striped table-bordered" >
       {% if imgcol %}{% for m in imgcol %}
       <tr>{% if m[0] %}
       <td style="text-align:center">
       <img src= '/static/image/{{ m[0] }}'
       title="{{ m[0].split('.')[0] }}" width="160" height="200" />
       </td>{% endif %}
       ...
       {% if m[4] %}
       <td style="text-align:center">
       <img src= '/static/image/{{ m[4] }}'
       title="{{ m[4].split('.')[0] }}" width="160" height="200" />
       </td>{% endif %}</tr>
       {% endfor%}{% endif %}</table>
    </div>
    {% if users %}
    <div class="page-footer text-center">
        {{ render_pagination(pagination) }}</div>
    {% endif %}
</div>
{% endblock %}
```

以上代码的主要说明如下。

首先继承 admbase.html 基模板；随后导入 render_pagination 模块用于分页显示；进行标题设置等操作后，如果 imgcol 存在，则通过 {% for m in imgcol %} 进入循环，每次循环读取 5 个用户的照片（m[0] ～ m[4]），分别添加到 5 个 <tr></tr> 标签之间（放在同一行），title 显示照片名称（不含扩展名），width 和 height 用于设置照片的宽度和高度（在省略号"..."位置省略了显示 m[1] ～ m[3] 的代码）；循环结束后，调用 render_pagination(pagination) 分页显示照片相册，每页显示 20 张照片（因为该模板不用表单，所以不需要用 {{ wtf.quick_form(form) }} 来渲染）。

4.8.3 运行结果

打开统信 UOS 终端，进入 www 文件夹，执行 python3 app.py 启动 Flask 自带的服务器（如果服务器已经启动，则跳过此步骤）。

```
$ cd www
$ python3 app.py
```

打开浏览器，在地址栏输入 127.0.0.1:5000/admin 并按 Enter 键，打开管理员登录页面。在管理员登录页面，输入管理员邮箱、密码，单击"管理员登录"按钮，登录管理主页。我们会发现管理主页上的主菜单多了"照片相册"子菜单项。单击主菜单上的"照片相册"子菜单项，显示照片相册页面，如图 4-10 所示。

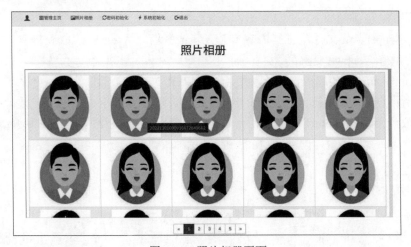

图 4-10　照片相册页面

4.9　超级管理员

超级管理员是具有设置管理员权限的用户。用 Sublime Text 向 app.py 添加以下代码，设置超级管理员账号。

```
app.config['SUPER_NAME'] = 'super@super.com'
```

用统信 UOS 文件管理器，在 www 下创建 super.json 文件，其中存放超级管理员密码。super.json 文件内容如下：

```
{
    "password": "123456"
}
```

在 admin 视图函数中，在 if form.validate_on_submit() 判断语句内的语句 password = form.password.data 之后添加以下代码：

```
...
with open("super.json", 'r') as f: var = json.load(f)
supwd = var['password']
sup = app.config['SUPER_NAME']
if email == sup and password == supwd:
    session['super'] = sup
    user = User.query.first()
    return redirect(url_for('super', userid = user.id))
...
```

以上代码的主要说明如下。

首先打开 super.json 文件，将其内容赋值给 var 变量，从 var 中读取超级管理员密码（即 password）并赋值给 supwd 变量。

然后将 app.config 中的超级管理员账号（即 SUPER_NAME）赋值给 sup 变量。

最后判断用户输入的邮箱、密码是否与超级管理员邮箱、密码一致。如果一致，则将超级管理员账号存放到会话（session）中，从后台数据库中读取第一个管理员信息并赋值给 user，调用 redirect 转到 super 视图函数，向 super 视图函数传递的参数有 userid。

4.9.1 视图设计

首先定义超级管理员视图函数 super，代码如下：

```
@app.route('/super/<int:userid>')
def super(userid):
    username = session.get('super')
    sup = app.config['SUPER_NAME']
    if username != sup:
        flash('请先登录','danger')
```

```
      return redirect(url_for('admin'))
   user = User.query.get(userid)
   if user:
      users = User.query.order_by(User.isadmin.desc()).all()
      return render_template('super.html', user = user,
         users = users, image = '/static/image/' + user.image)
   else:
      flash('没有报名信息','danger')
      return redirect(url_for('admin'))
```

以上代码的主要说明如下。

首先设置超级管理员视图函数 URL 路径，路径需要 userid 作为传递的参数，因为没有表单，所以不设置 GET、POST 方法。

然后定义 super 视图函数，它需要传入参数 userid。在 super 函数内，从会话（session）中读取超级管理员账号信息，从配置中读取 SUPER_NAME。

- 如果会话中的超级管理员账号与配置中的 SUPER_NAME 不一致，则显示"请先登录"提示信息，调用 redirect 转向管理员登录页面。
- 如果会话中的超级管理员账号与配置中的 SUPER_NAME 相同，则继续从后台数据库中读取用户信息并按照 isadmin 字段降序排列（desc），赋值给 users 列表；调用 render_template 渲染 super.html 模板，向 super.html 模板传递的参数有 user、users、image。

然后定义设置管理员视图函数 setadmin，代码如下：

```
@app.route('/setadmin/<int:userid>')
def setadmin(userid):
   user = User.query.get(userid)
   if not user:
      flash('没有用户信息','danger')
      return redirect(url_for('admin'))
   user.verify = True; user.isadmin = True
   db.session.commit()
   return redirect(url_for('super', userid = user.id))
```

以上代码的主要说明如下。

首先定义设置管理员视图函数 URL 路径，同样此函数没有与表单"打交道"，所以不设置 GET、POST 方法。

然后定义 setadmin 视图函数，在 setadmin 函数内，从后台数据库读取 ID 为 userid 的用户信息并赋值给 user，对 user 进行判断。

- 如果没有此用户，则显示"没有用户信息"提示信息，调用 redirect 转向管理员登录页面。
- 如果有此用户，则将该用户的 verify 字段设置为 True，isadmin 字段设置为 True。

最后调用 redirect 转向 super 视图，传递的参数有 userid。

Pythonic 代码揭秘

user.verify = True; user.isadmin = True

user.verify = True
user.isadmin = True

最后定义取消管理员视图函数 notadmin，代码如下：

```
@app.route('/notadmin/<int:userid>')
def notadmin(userid):
    user = User.query.get(userid)
    if not user:
        flash('没有用户信息','danger')
        return redirect(url_for('admin'))
    user.verify = False; user.isadmin = False
    db.session.commit()
    return redirect(url_for('super', userid = user.id))
```

以上代码的主要说明如下。

首先定义取消管理员视图函数 URL 路径，同样此函数没有与表单"打交道"，所以不设置 GET、POST 方法。

然后定义 notadmin 视图函数，在 notadmin 函数内，从后台数据库读取 ID 为 userid 的用户信息并赋值给 user，对 user 进行判断。

- 如果没有此用户，则显示"没有用户信息"提示信息，调用 redirect 转向管理员登录页面。
- 如果有此用户，则将该用户的 verify 字段设置为 False，isadmin 字段设置为 False。

最后调用 redirect 转向 super 视图，传递的参数有 userid。

4.9.2 模板设计

用 Sublime Text，在 templates 下创建 super.html 超级管理员模板，代码如下：

```
{% extends "base.html" %}
{% block page_content %}
<div class="page-header">
   <div align="center"><h1>超级管理员</h1></div>
</div>
<div class="container">
   <div class="row" style='BORDER: 1px inset;'>
      <div class="col-md-3" >
```

```html
            <p class="h5 text-center text-danger" ><strong>用户名</strong></p>
            <ul class="nav flex-column " style='height: 479px;
                BORDER: 1px inset; overflow-y :auto;'>
                {% for user in users %}
                <li class="nav-item " >
                    <a class="nav-link"
                    href="{{ url_for('super', userid=user.id) }}">
                    {% if user.isadmin %}
                        <span class="glyphicon glyphicon-user"></span>
                    {% endif %}
                    {{ user.email }}</a>
                </li>
                {% endfor %}
            </ul>
        </div>
        <div class="col-md-9">
            <p class="h5 text-center text-danger"><strong>详细信息</strong></p>
            {% include "super_table.html" %}
        </div>
    </div>
</div>
{% endblock %}
```

以上代码的主要说明如下。

首先继承 base.html 基模板,用 `<div class="page-header">` 标签设置页面标题。把页面分为左、右两个区域,其中左边区域占 3 个网格(col-md-3),右边区域占 9 个网格(col-md-9)。

然后在左边区域,用 nav 导航栏,通过 `{% for user in users %}` 循环逐一读取用户名信息,将用户邮箱添加到导航子项 nav-item。如果该用户是管理员,则在该用户邮箱前显示小图标。

最后在右边区域,用 include 插入 super_table.html 文件(下面将介绍其代码),以表格显示用户的详细信息。

用 Sublime Text,在 templates 下创建 super_table.html 文件,代码如下:

```html
<div style='height: 480px; BORDER: 1px inset; overflow-y :scroll;'>
    <table class="table">
    <tr><th class="text-right">ID: </th><td>{{ user.id }}</td></tr>
    <tr><th width="12%" class="text-right">姓名: </th>
        <td>{{ user.name }}</td></tr>
    <tr><th class="text-right">性别: </th>
        <td>{% if user.gender == True %}男
        {% else %}女{% endif %}</td></tr>
    <tr><th class="text-right">出生日期: </th>
        <td>{{ user.birthday.year }}年
```

```
            {{ user.birthday.month }}月{{ user.birthday.day }}日</td></tr>
        <tr><th class="text-right">文化程度: </th>
            <td>{% if user.education == '1' %}高职
            {% elif user.education == '2' %}本科
            {% elif user.education == '3' %}硕士
            {% elif user.education == '4' %}博士
            {% endif %}</td></tr>
        <tr><th class="text-right">照片: </th>
            <td><img src= "{{ image }}" width="60" height="80" />
            </td></tr>
        <tr><th class="text-right">爱好: </th>
            <td>{% for i in user.hobby %}
                {% if i == '1' %}篮球{% elif i == '2' %}足球
                {% elif i == '3' %}健身
                {% elif i == '4' %}其他{% endif %}{% endfor %}</td></tr>
        <tr><th height="60px"  class="text-right">特长: </th>
            <td>{{ user.skill }}</td></tr>
        <tr><th class="text-right">权限: </th>
            <td>{% if user.isadmin== True %}管理员
            {% else %}不是管理员{% endif %}</td></tr>
        <tr><th class="text-right">操作: </th>
            <td><div class="btn-group">
                <div class="btn-group dropup">
                    <button type="button"
                    class="btn btn-warning dropdown-toggle"
                    data-toggle="dropdown" aria-expanded="false">权限管理
                    <span class="caret"></span>
                    </button>
                    <lu class="dropdown-menu">
                    <li><a class="dropdown-item"
                        href="{{ url_for('setadmin', userid=user.id) }}">
                        <span class="glyphicon glyphicon-ok"></span>
                        设为管理员</a></li>
                    <li class="divider"></li>
                    <li><a class="dropdown-item"
                        href="{{ url_for('notadmin', userid=user.id) }}">
                        <span class="glyphicon glyphicon-remove"></span>
                        取消管理员</a></li>
                    </lu>
                </div>
            </div></td>
        </tr>
    </table>
</div>
```

以上代码的主要说明如下。

用表格显示用户详细信息,表格最后显示用户是否为管理员和权限管理按钮组。权限管理按钮组有"设为管理员"和"取消管理员",单击它们分别调用 setadmin 和 notadmin 视图进行相应的操作。

4.9.3 运行结果

打开统信 UOS 终端,进入 www 文件夹,执行 python3 app.py 启动 Flask 自带的服务器(如果服务器已经启动,则跳过此步骤)。

```
$ cd www
$ python3 app.py
```

打开浏览器,在地址栏输入 127.0.0.1:5000/admin 并按 Enter 键,打开管理员登录页面。在管理员登录页面,输入超级管理员邮箱(默认为 super@super.com)、超级管理员密码(默认为 123456),单击"管理员登录"按钮,登录超级管理员页面,如图 4-11 所示。

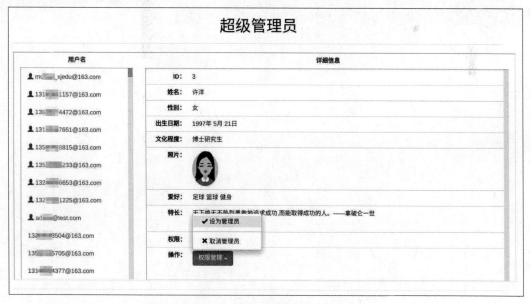

图 4-11 超级管理员页面

从图 4-11 可以看到,在左边的用户列表中,单击需设为管理员的用户,然后在右边的"详细信息"栏中,单击"权限管理"按钮,显示下拉菜单,子菜单项有"设为管理员"和"取消管理员",选择相应的子菜单项可进行相应的操作。在左边的用户列表中,管理员的用户邮箱前会显示小图标。只有被设置为管理员的用户才能登录管理主页,对用户信息进行编辑和审核等。只有审核通过的用户才能登录用户主页,进行简历生成操作。

4.10 本章小结

本章我们通过实现管理员登录、管理主页、编辑、审核、删除、密码初始化、系统初始化、照片相册、超级管理员等功能，进一步学习了基于 Flask 框架的 Web 应用开发的相关知识。

对于管理员登录，我们采用拥有被允许的 IP 地址的用户才能访问的方式，加强管理功能的安全性；对于管理主页，我们学会了带参数的视图函数的设计和模板的使用；对于审核功能和删除功能，我们学习了 GET 和 POST 方法用处的不同（update 不用设置，delete 仅设置 POST 方法）；对于照片相册，我们学习了没有表单的模板的设计和有些功能函数的设计；对于超级管理员功能，我们学会了 .json 文件的操作和导航栏的使用等。

【思考】在 4.2.2 小节的视图函数代码中，以下判断用户审核状态的判断语句有漏洞，请完善代码。

```
if keyword in '未审核': val = None
elif keyword in '通过': val = True
elif keyword in '不通过': val = False
```

第 5 章 数据分析与可视化

这一章我们用 ECharts 插件来实现交互式动态数据分析与可视化。在 Python 中使用 ECharts，不仅需要安装 pyecharts 第三方库，还需要下载 ECharts 插件和 ECharts 相关扩展。数据可视化功能完全对外开放，用户不需要登录也可以使用。本章主要介绍饼图、极坐标系、柱状图、折线图、散点图、雷达图、K 线图、箱形图、漏斗图、词云图等常用的可视化图形的实现。数据可视化功能相关模块和页面在 1.1.4 节中已有介绍。在可视化主页面顶部有主菜单，在主菜单上有所有可视化视图的子菜单项，单击任一子菜单项即可打开相应的交互式动态可视化页面。本章介绍如何具体实现。

5.1 准备工作

5.1.1 下载ECharts插件

打开 ECharts 官方网站，可自由选择所需图表、坐标系、组件并进行打包下载，如图 5-1 所示。

图 5-1　ECharts 在线定制

我们选择所有图表、坐标系、组件，单击"下载"按钮，开始在线定制并下载 ECharts 插件，如图 5-2 所示。

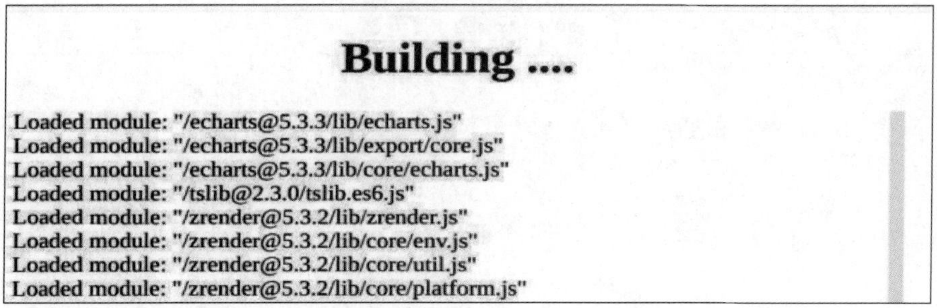

```
Building ....
Loaded module: "/echarts@5.3.3/lib/echarts.js"
Loaded module: "/echarts@5.3.3/lib/export/core.js"
Loaded module: "/echarts@5.3.3/lib/core/echarts.js"
Loaded module: "/tslib@2.3.0/tslib.es6.js"
Loaded module: "/zrender@5.3.2/lib/zrender.js"
Loaded module: "/zrender@5.3.2/lib/core/env.js"
Loaded module: "/zrender@5.3.2/lib/core/util.js"
Loaded module: "/zrender@5.3.2/lib/core/platform.js"
```

图 5-2　在线定制并下载 ECharts 插件

下载完毕后（默认存放在"下载"文件夹），打开统信 UOS 文件管理器，把 echarts.min.js 复制到 www/static/js 文件夹下。

5.1.2　安装 pyecharts

pyecharts 是一个用于生成 ECharts 图表的类库，在 Python 中可直接使用数据生成图。

在统信 UOS 终端，执行以下命令安装 pyecharts，看到 Successfully installed 字样就表示安装成功：

```
$ python3 -m pip install pyecharts
...
Successfully installed prettytable-3.4.0 pyecharts-1.9.1 simplejson-3.17.6 wcwidth-0.2.5
```

我们可以看到一并安装的包有：
- prettytable-3.4.0；
- pyecharts-1.9.1；
- simplejson-3.17.6；
- wcwidth-0.2.5。

5.2　饼图

饼图常用于统计学模型。我们按性别统计用户信息，用交互式动态饼图显示可视化结果。

5.2.1 视图设计

用 Sublime Text 向 app.py 添加以下饼图视图函数代码：

```
from pyecharts.charts import Pie
import pyecharts.options as opts
@app.route('/pie')
def pie():
    users = User.query.filter_by(isadmin = False).all()
    if not users: #如果一个用户都没有注册
        flash('没有用户注册','info')
        return redirect(url_for('regist1'))
    male = User.query.filter_by(gender = True, \
        isadmin = False).count()
    female = User.query.filter_by(gender = False, \
        isadmin = False).count()
    sex = ["女", "男"]
    ratio = [female, male]
    data_pair = [list(data) for data in zip(sex, ratio)]
    pie = Pie()
    pie.add(series_name="人数",
        data_pair=data_pair, rosetype='radius')
    pie.set_global_opts(title_opts = \
        opts.TitleOpts(title="【男女人数】"))
    return render_template('echart.html', title = '饼图',
        data = pie.dump_options())
```

以上代码的主要说明如下。

首先从 pyecharts.charts 导入 Pie 用于创建交互式动态饼图，导入 pyecharts.options（别名为 opts）用于设置图形标题。

然后设置饼图视图函数 URL 路径，定义 pie 饼图视图函数。在 pie 视图函数内，从后台数据库读取用户（除管理员外）信息。

- 如果一个用户都没有注册，则显示"没有用户注册"提示信息，调用 redirect 转到用户注册页面。
- 如果有用户注册了，则按性别分别统计女性和男性的人数，分别赋值给 female 和 male 变量；然后用 [list(data) for data in zip(sex, ratio)] 生成包含标题和数据值的数据对（其中 zip(sex, ratio) 将 sex 列表和 ratio 列表组合成一个元组列表）；之后用 Pie 创建交互式动态饼图，设置相关参数，其中 rosetype='radius' 表示按照男女人数的比例显示其半径。

最后调用 render_template 渲染 echart.html 模板，向 echart.html 模板传递的参数有 title、data。

5.2.2 模板设计

1. 可视化基模板

用 Sublime Text，在 templates 下创建 chartbase.html 可视化基模板，代码如下：

```
{% block jsfile %}
   <script src="{{ url_for('static',
      filename='js/echarts.min.js') }}"
   type="text/javascript"></script>
{% endblock %}
{% extends "bootstrap/base.html" %}
{% block title %}简历平台{% endblock %}
{% block navbar %}{% endblock %}
{% block content %}
<div id="alert">
   {% for message in get_flashed_messages(with_categories = True) %}
      <div class="alert alert-{{ message[0] }}
         role = 'alert' alert-dismissable">
      <button type="button" class="close"
         data-dismiss="alert" aria-hidden="true">&times;</button>
      {{ message[1] }}</div>{% endfor %}
</div>
<div class="container">{% block page_content %}{% endblock %}</div>
<div class="container">
   {% block footer %}<hr/><div class="text-center text-muted">
      版权所有，免费使用<br />地址：新疆乌鲁木齐</div>
   {% endblock %}
</div>
{% endblock %}
```

以上代码的主要说明如下。

创建 chartbase.html 基模板，首先在 {% block jsfile %} 模块内导入 ECharts 插件 echarts.min.js；用 {% extends "bootstrap/base.html" %} 继承 Bootstrap 基模板，使页面具备 Bootstrap 样式；通过 {% block title %} 模块页面设置标题；用 {% block navbar %} 模块给主菜单预留位置。然后以循环形式读取 flash 信息（因为很多用户同时发送 flash 信息）。注意：alert-{{ message[0] }} 用来确

定提示框类型（flash 函数第二个参数），{{ message[1] }} 是提示信息内容（flash 函数第一个参数）。之后用 {% block page_content %} 模块预留页面内容位置。最后用 {% block footer %} 模块显示版权信息等。

2. 可视化模板

用 Sublime Text，在 templates 下创建 echart.html 模板，代码如下：

```
{% extends "chartbase.html" %}
{% block page_content %}
<div class="page-header " align="center">
   <div><h1>{{ title }}</h1></div>
</div>
<div class="container" align="center">
   <div class="row" style='BORDER: 1px inset; padding:10px; '>
   <div><div id="echart" style="width: auto;height:480px;"></div>
   <script type="text/javascript">
      var chart = echarts.init(document.getElementById('echart'));
      chart.setOption({{ data | safe }});
   </script>
   </div></div>
</div>
{% endblock %}
```

这是所有交互式动态可视化图形共用的模板，其继承 chartbase.html 可视化基模板。页面标题通过 title 参数传递过来，要显示的图形通过 data 参数传递过来（链式操作 safe 的作用是禁用转义）。

5.2.3 运行结果

打开统信 UOS 终端，进入 www 文件夹，执行 python3 app.py 启动 Flask 自带的服务器（如果服务器已经启动，则跳过此步骤）。

```
$ cd www
$ python3 app.py
```

打开浏览器，在地址栏输入 127.0.0.1:5000/pie 并按 Enter 键，打开饼图交互式动态可视化页面，如图 5-3 所示（这是一个交互式动态饼图，将鼠标指针移到某个位置，图的显示效果会交互式动态变化并显示相应提示信息）。

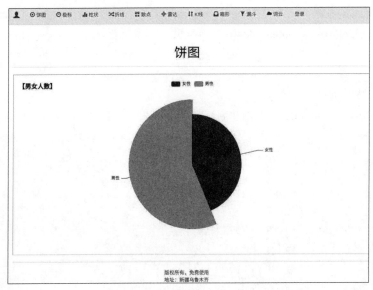

图 5-3　交互式动态饼图

5.3　极坐标系

极坐标系是指在平面内由极点、极轴和极径组成的坐标系。我们分别按文化程度、性别统计用户，用交互式动态极坐标系显示可视化结果。

5.3.1　视图设计

用 Sublime Text 向 app.py 添加以下极坐标系视图函数代码：

```
from pyecharts.charts import Polar
@app.route('/polar')
def polar():
    users = User.query.filter_by(isadmin = False).all()
    if not users:
        flash('没有用户注册','info')
        return redirect(url_for('regist1'))
    #男性
    edu1m=User.query.filter_by(education='1',gender=True, \
        isadmin=False).count()
    edu2m=User.query.filter_by(education='2',gender=True, \
        isadmin=False).count()
    edu3m=User.query.filter_by(education='3',gender=True, \
        isadmin=False).count()
```

```
    edu4m=User.query.filter_by(education='4',gender=True, \
        isadmin=False).count()
    #女性
    edu1f=User.query.filter_by(education='1',gender=False, \
        isadmin=False).count()
    edu2f=User.query.filter_by(education='2',gender=False, \
        isadmin=False).count()
    edu3f=User.query.filter_by(education='3',gender=False, \
        isadmin=False).count()
    edu4f=User.query.filter_by(education='4',gender=False, \
        isadmin=False).count()
    x = ["高职", "本科", "硕士", "博士"]
    y1 = [edu1f, edu2f, edu3f, edu4f]
    y2 = [edu1m, edu2m, edu3m, edu4m]
    pol = Polar()
    pol.add_schema(angleaxis_opts=opts.AngleAxisOpts(data=x))
    pol.add("女性", y1, type_="bar", stack="stack0")
    pol.add("男性", y2, type_="bar", stack="stack0")
    pol.set_global_opts(title_opts = \
        opts.TitleOpts(title="【文化程度/性别】"))
    return render_template('echart.html', title = '极坐标系',
        data = pol.dump_options())
```

以上代码的主要说明如下。

首先从 pyecharts.charts 导入 Polar 用于创建交互式动态极坐标系，随后设置极坐标系视图函数 URL 路径。

然后定义极坐标系视图函数 polar。在 polar 视图函数内，从后台数据库读取用户（除管理员外）信息。

- 如果一个用户都没有注册，则显示"没有用户注册"提示信息，调用 redirect 转到用户注册页面。
- 如果有注册的用户，则按文化程度、性别分别统计不同文化程度的男女用户数；设置 x 坐标值（文化程度）和 y 坐标值（y1 为不同文化程度的女性数、y2 为不同文化程度的男性数），调用 Polar 创建交互式动态极坐标系，设置相关参数。其中 y1 和 y2 均设有 type_="bar" 属性，表示类型为柱状，stack="stack0" 属性表示 y1 和 y2 相对应的子项在同一个柱子上显示。

最后调用 render_template 渲染 echart.html 模板，向 echart.html 模板传递的参数有 title 和 data。

5.3.2 运行结果

打开统信 UOS 终端，进入 www 文件夹，执行 python3 app.py 启动 Flask 自带的服务器（如果服务器已经启动，则跳过此步骤）。

```
$ cd www
$ python3 app.py
```

打开浏览器,在地址栏输入 127.0.0.1:5000/polar 并按 Enter 键,打开极坐标系交互式动态可视化页面,如图 5-4 所示。

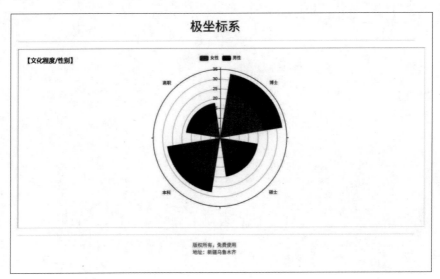

图 5-4　交互式动态极坐标系

5.4　柱状图

柱状图,又称条状图,是一种以长方形的长度体现变量值的统计图表。这里按年代统计各年代不同爱好的人数,用交互式动态柱状图显示可视化结果。

5.4.1　视图设计

1. 填充函数

用 Sublime Text 向 app.py 添加以下代码,设计填充函数(按年代统计各年代不同爱好的人数时,如果某一年代没有某一爱好的人,则通过填充函数用 0 填充该年代该爱好的人数)。

```
def fillzero(m,m1,m2,m3,m4):
    x = []; y1 = []; y2 = []; y3 = []; y4 = []
    msort=sorted(m,key=(lambda x:x[0]))
    for ms in msort:
```

```
        x.append(str(ms[0])+'年代')
        found1,found2,found3,found4 = False,False,False,False
        for j in m1:
            if ms[0] == j[0]: found1 = True; ms1 = j[1]; break
        for j in m2:
            if ms[0] == j[0]: found2 = True; ms2 = j[1]; break
        for j in m3:
            if ms[0] == j[0]: found3 = True; ms3 = j[1]; break
        for j in m4:
            if ms[0] == j[0]: found4 = True; ms4 = j[1]; break
        y1.append(ms1) if found1 else y1.append(0)
        y2.append(ms2) if found2 else y2.append(0)
        y3.append(ms3) if found3 else y3.append(0)
        y4.append(ms4) if found4 else y4.append(0)
    return x,y1,y2,y3,y4
```

以上代码的主要说明如下。

定义了名为 fillzero 的填充函数，函数的输入参数分别为 m、m1、m2、m3、m4，这些参数均为列表，存储格式均为 [('1990', 43), ('1980', 26),..., ('1960', 7)]。列表各子项的第一个数据是字符串，表示年代；第二个数据是整数，表示该年代人数，m 表示各年代及人数，m1～m4 表示各年代不同爱好的人数，m1～m4 的长度可不相等（填充函数的功能是通过填充 0 来让它们的长度与 m 相等）。

fillzero 函数首先定义几个要返回的列表（输出结果），其中在 x 列表中存放年代名称，其长度与 m 的长度相等，存储格式为 ['1960 年代', '1970 年代',...]；在 y1～y4 列表中存放向 m1～m4 填充 0 后的输出结果，存储格式为 [5, 7,...]，它们的长度分别与 x 的长度相等，其子项顺序与 x 的子项顺序相对应。

然后将 m 按年代排序并赋值给 msort（使用 sorted 来实现，用 Python 功能强大的 lambda 函数）。

之后进入 msort 一级循环，把年代名称逐一添加到 x 中；定义 found1～found4（分别对应 m1～m4），其初始值均为 False；分别进入 m1～m4 的 4 个并行二级循环，在二级循环内分别逐一读取 m1～m4 中的数据项，逐一判断其中有无与一级循环当前循环数据子项 ms[0] 一样的子项。

- 如果有，则将对应的 found1～found4 设置为 True，同时将对应的二级循环当前子项数据赋值给对应的 ms1～ms4 并通过 break 退出相应的二级循环。
- 如果某二级循环找不到与一级循环当前循环数据项一样的子项而自然结束循环，则其对应的 found1～found4 保持原值不变（即 False）。

结束所有二级循环后（无论是自然结束还是被动结束），逐一判断 found1～found4，其中：

- 如果 found 为 True（已找到），则将相应的 ms1～ms4 的值添加到相应的 y1～y4 里；
- 如果 found 为 False（找不到），则将 0 添加到相应的 y1～y4 里（填充 0）。

再进入下一个一级循环,直到所有一级循环结束为止。

一级循环结束后,通过 return 返回 x、y1 ~ y4(填充后的 m1 ~ m4)。

Pythonic 代码揭秘

```
found1,found2,found3,found4 = False,False,False,False
```

```
found1 = False
found2 = False
found3 = False
found4 = False
```

Pythonic 代码揭秘

```
for j in m1:
    if ms[0] == j[0]: found1 = True; ms1 = j[1]; break
```

```
for j in m1:
    if ms[0] == j[0]:
        found1 = True
        ms1 = j[1]
        break
```

Pythonic 代码揭秘

```
y1.append(ms1) if found1 else y1.append(0)
```

```
if found1:
    y1.append(ms1)
else:
    y1.append(0)
```

2. 柱状图视图

用 Sublime Text 向 app.py 添加以下定义柱状图视图函数代码:

```
from pyecharts.charts import Bar
from collections import Counter
@app.route('/bar')
def bar():
    #获取用户信息
    users = User.query.filter_by(isadmin = False).all()
    if not users:
        flash('没有用户注册','info')
        return redirect(url_for('regist1'))
    #年代:每一世纪中从"…十"到"…九"的十年,例如20世纪90年代。
    #此处为表示方便,从出生年月的年份中取前3位,第4位换成0
```

```
years = []; y1 = []; y2 = []; y3 = []; y4 = []
for user in users:
    year = str(user.birthday.year)
    years.append(f'{year[:3]}0')
    if '1' in user.hobby: y1.append(f'{year[:3]}0')
    if '2' in user.hobby: y2.append(f'{year[:3]}0')
    if '3' in user.hobby: y3.append(f'{year[:3]}0')
    if '4' in user.hobby: y4.append(f'{year[:3]}0')
#统计各年代人数
m = Counter(years).most_common()
m1 = Counter(y1).most_common()
m2 = Counter(y2).most_common()
m3 = Counter(y3).most_common()
m4 = Counter(y4).most_common()
x,y1,y2,y3,y4 = fillzero(m,m1,m2,m3,m4)
bar = Bar()
bar.add_xaxis(x)
bar.add_yaxis("篮球", y1)
bar.add_yaxis("足球", y2)
bar.add_yaxis("健身", y3)
bar.add_yaxis("其他", y4)
bar.set_global_opts(title_opts = \
    opts.TitleOpts(title="【年代/爱好】"))
return render_template('echart.html', title = '柱状图',
    data = bar.dump_options())
```

以上代码的主要说明如下。

首先分别从 pyecharts.charts 导入 Bar 用于创建交互式动态柱状图，从 collections 导入 Counter 用于统计列表中各子项的出现次数并从高到低排序；设置柱状图视图函数 URL 路径。

然后定义柱状图视图函数 bar。在 bar 函数内，从后台数据库读取用户（除管理员外）信息。

- 如果一个用户都没有注册，则显示"没有用户注册"提示信息，调用 redirect 转到用户注册页面。
- 如果有注册的用户，则定义 years、y1～y4 列表；进入 users 循环，逐一读取用户信息，截取用户出生年份的前 3 位再加 0（f'{year[:3]}0'）生成用户的所属年代（若用户出生年份为 1964，则截取其前 3 位 196 再加 0 后生成 1960）添加到 years 列表中；按照用户的不同爱好将所有用户分为 4 个组，按同样的方法推算各组用户的出生年代，分别添加到 y1～y4 列表中；users 循环结束后，将统计各年代总人数和各组各年代人数并从高到低排序（Counter().most_common()）后，将各年代总人数存放到 m 列表中，各组各年代人数分别存放到 m1～m4 列表中，它们的存储格式均为 [('1990', 43), ('1980', 26),...,('1960', 7)]。

最后调用 fillzero 填充函数统计各年代不同爱好人数，填充函数返回的结果中 x 为年代名称，y1～y4 为各年代不同爱好人数（y1 是爱好为篮球的人数，y2 是爱好为足球的人数，y3 是爱好为健身的人数，y4 是爱好为其他的人数，均按年代排序，其子项顺序与 x 的子项顺序相对应）；调用 Bar 创建交互式动态柱状图，设置相关参数；调用 render_template 渲染 echart.html 模板，向 echart.html 模板传递的参数有 title 和 data。

Pythonic 代码揭秘

```
if '1' in user.hobby: y1.append(f'{year[:3]}0')
if '2' in user.hobby: y2.append(f'{year[:3]}0')
if '3' in user.hobby: y3.append(f'{year[:3]}0')
if '4' in user.hobby: y4.append(f'{year[:3]}0')
```

```
if '1' in user.hobby:
    y1.append(f'{year[:3]}0')
if '2' in user.hobby:
    y2.append(f'{year[:3]}0')
if '3' in user.hobby:
    y3.append(f'{year[:3]}0')
if '4' in user.hobby:
    y4.append(f'{year[:3]}0')
```

5.4.2 运行结果

打开统信 UOS 终端，进入 www 文件夹，执行 python3 app.py 启动 Flask 自带的服务器（如果服务器已经启动，则跳过此步骤）。

```
$ cd www
$ python3 app.py
```

打开浏览器，在地址栏输入 127.0.0.1:5000/bar 并按 Enter 键，打开柱状图交互式动态可视化页面，如图 5-5 所示（这是一个交互式动态柱状图，将鼠标指针移到某个位置，图的显示效果会交互式动态变化并显示相应提示信息）。

从图 5-5 中可以看到，x 坐标表示年代，y 坐标表示人数，每个年代分别按不同爱好统计人数，若某年代没有某爱好的人，则以 0 表示（现在回头再看看填充函数 fillzero 的代码，较容易理解）。各年代统计出来各爱好人数合计可能大于该年代总人数，因为一个人可以有多个爱好（最多可选 4 个爱好），所以各爱好人数合计最多可达到这个年代总人数的 4 倍，最小可等于这个年代总人数，因为最少要选一个爱好。

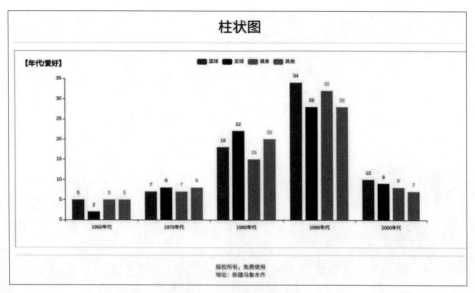

图 5-5 交互式动态柱状图

5.5 折线图

折线图是最简单的图形之一。我们按性别分别统计各年代人数，用交互式动态折线图显示可视化结果。

5.5.1 视图设计

用 Sublime Text 向 app.py 添加以下折线图视图函数代码：

```
from pyecharts.charts import Line
@app.route('/line')
def line():
   users = User.query.filter_by(isadmin = False).all()
   if not users:
      flash('没有用户注册','info')
      return redirect(url_for('regist1'))
   years = []; y1 = []; y2 = []
   for user in users:
      year = str(user.birthday.year)
      years.append(f'{year[:3]}0')
      y1.append(f'{year[:3]}0') if user.gender \
         else y2.append(f'{year[:3]}0')
```

```python
#统计各年代人数
most = Counter(years).most_common()
m1 = Counter(y1).most_common()
m2 = Counter(y2).most_common()
#按年代排序
msort=sorted(most,key=(lambda x:x[0]))
ms1=sorted(m1,key=(lambda x:x[0]))
ms2=sorted(m2,key=(lambda x:x[0]))
x =[str(ms[0])+'年代' for ms in msort]
y =[ms[1] for ms in msort]
y1 =[ms[1] for ms in ms1]
y2 =[ms[1] for ms in ms2]
line = Line()
line.add_xaxis(x)  #x轴：年代
line.add_yaxis("女性", y2) #y轴：女性人数
line.add_yaxis("男性", y1) #y轴：男性人数
line.add_yaxis("合计", y, is_smooth=True) #y轴：人数
line.set_global_opts(title_opts = \
    opts.TitleOpts(title="【年代/性别】"))
return render_template('echart.html', title = '折线图',
    data = line.dump_options())
```

以上代码的主要说明如下。

首先从 pyecharts.charts 导入 Line 用于创建交互式动态折线图，设置折线图视图函数 URL 路径。

然后定义折线图视图函数 line。在 line 函数内，从后台数据库读取用户（除管理员外）信息。

- 如果一个用户都没有注册，则显示"没有用户注册"提示信息，并调用 redirect 转到用户注册页面。
- 如果有注册的用户，则进入 users 循环逐一获取每个用户出生年份，从出生年份截取用户的出生年代，存放到 years（years 的存储格式为 ['1960', '1970', '1980',..., '2000']，其长度等于所有用户数）中，用同样的方法，按性别分别截取男性、女性用户的出生年代，分别存放到 y1 和 y2（它们的存储格式与 years 的一样，y1 的长度与男性人数相等，y2 的长度与女性人数相等，y1 和 y2 长度的和等于 years 的长度）中；统计各年代人数和各年代男性、女性人数并按人数从高到低排序，分别存放到 most、m1 和 m2 中（每个子项中，第一项是年代，第二项是该年代人数）；将 most、m1 和 m2 按年代排序，分别存放到 msort、ms1、ms2 中；推算各年代名称和各年代人数以及各年代男性、女性人数，将年代名称存放到 x 中，将各年代人数存放到 y 中，将各年代男性人数存放到 y1 中，将各年代女性人数存放到 y2 中（y、y1、y2 的存储格式均为 [16,25,...,30]，y、y1、y2 子项顺序对应 x 的子项顺序）。

最后调用 Line 创建交互式动态折线图，设置相关参数，其中 is_smooth=True 表示线的拐点为圆角；调用 render_template 渲染 echart.html 模板，向 echart.html 模板传递的参数有 title 和 data。

Pythonic 代码揭秘

```
y1.append(f'{year[:3]}0') if user.gender else y2.append(f'{year[:3]}0')
```
```
if user.gender:
    y1.append(f'{year[:3]}0')
else:
    y2.append(f'{year[:3]}0')
```

Pythonic 代码揭秘

```
x =[str(ms[0])+'年代' for ms in msort]
y =[ms[1] for ms in msort]
y1 =[ms[1] for ms in ms1]
y2 =[ms[1] for ms in ms2]
```
```
x = []
y = []
for ms in msort:
    x.append(str(ms[0])+'年代')
    y.append(ms[1])
y1 = []
for ms in ms1:
    y1.append(ms[1])
y2 = []
for ms in ms2:
    y2.append(ms[1])
```

5.5.2 运行结果

打开统信 UOS 终端，进入 www 文件夹，执行 python3 app.py 启动 Flask 自带的服务器（如果服务器已经启动，则跳过此步骤）。

```
$ cd www
$ python3 app.py
```

打开浏览器，在地址栏输入 127.0.0.1:5000/line 并按 Enter 键，打开折线图交互式动态可视化页面，如图 5-6 所示（这是一个交互式动态折线图，将鼠标指针移到某个位置，图的显示效果会交互式动态变化并显示相应提示信息）。

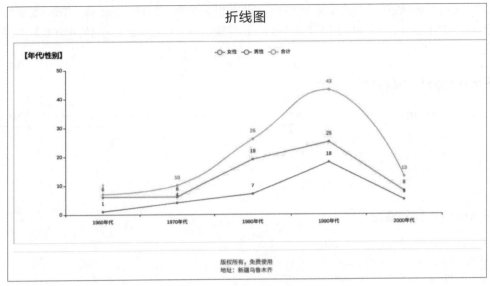

图 5-6　交互式动态折线图

5.6　散点图

散点图是指在回归分析中，数据点在直角坐标系平面上的分布图。我们按年代统计各年代人数，用交互式动态散点图显示可视化结果。

5.6.1　视图设计

用 Sublime Text 向 app.py 添加以下散点图视图函数代码：

```
from pyecharts.charts import Scatter
@app.route('/scatter')
def scatter():
    users = User.query.filter_by(isadmin = False).all()
    if not users:
        flash('没有用户注册','info')
        return redirect(url_for('regist1'))
    years = [f'{str(user.birthday.year)[:3]}0' for user in users]
    most = Counter(years).most_common()
    msort=sorted(most,key=(lambda x:x[0]))
    x =[str(ms[0])+'年代' for ms in msort]
    y =[ms[1] for ms in msort]
    sca = Scatter()
```

```
sca.add_xaxis(x)
sca.add_yaxis("人数", y)
sca.set_global_opts(
title_opts=opts.TitleOpts(title="【年代/人数】"), \
    visualmap_opts = \
    opts.VisualMapOpts(type_="size", max_=max(y),min_=min(y)))
return render_template('echart.html', title = '散点图',
    data = sca.dump_options())#size为映射大小
```

以上代码的主要说明如下。

首先从 pyecharts.charts 导入 Scatter 用于创建交互式动态散点图，设置散点图视图函数 URL 路径。然后定义散点图视图函数 scatter。在 scatter 函数内，从后台数据库读取用户（除管理员外）信息。

- 如果一个用户都没有注册，则显示"没有用户注册"提示信息，并调用 redirect 转到用户注册页面。
- 如果有注册的用户，则进入 users 循环逐一获取每个用户出生年份，从出生年份截取用户的出生年代，按顺序存放到 years（years 的存储格式为 ['1960', '1970', '1980', ..., '2000']，其长度等于所有用户数）中；统计各年代人数并按人数从高到低排序，存放到 most 中（每个子项的第一项是年代，第二项是该年代人数）；然后将 most 按年代排序，存放到 msort 中；推算出各年代名称和各年代人数，将年代名称存放到 x 中，将各年代人数存放到 y 中（y 的存储格式为 [16,25,...,30]，其子项顺序对应 x 的子项顺序）。

最后调用 Scatter 创建交互式动态散点图，设置相关参数，其中 type_="size" 表示按尺寸映射大小，max_=max(y) 表示最大的散点大小为 y 的最大值，min_=min(y) 表示最小的散点大小为 y 的最小值；调用 render_template 渲染 echart.html 模板，向 echart.html 模板传递的参数有 title 和 data。

Pythonic 代码揭秘

```
years = [f'{str(user.birthday.year)[:3]}0' for user in users]
```
```
years = []
for user in users:
year = str(user.birthday.year)
years.append(f'{year[:3]}0')
```

Pythonic 代码揭秘

```
x =[str(ms[0])+'年代' for ms in msort]
y =[ms[1] for ms in msort]
```
```
x = [] #年代
y = [] #人数
for ms in msort:
x.append(str(ms[0])+'年代')
y.append(ms[1])
```

5.6.2 运行结果

打开统信 UOS 终端，进入 www 文件夹，执行 python3 app.py 启动 Flask 自带的服务器（如果服务器已经启动，则跳过此步骤）：

```
$ cd www
$ python3 app.py
```

打开浏览器，在地址栏输入 127.0.0.1:5000/scatter 并按 Enter 键，打开散点图交互式动态可视化页面，如图 5-7 所示（这是一个交互式动态散点图，将鼠标指针移到某个位置，图的显示效果会交互式动态变化并显示相应提示信息）。

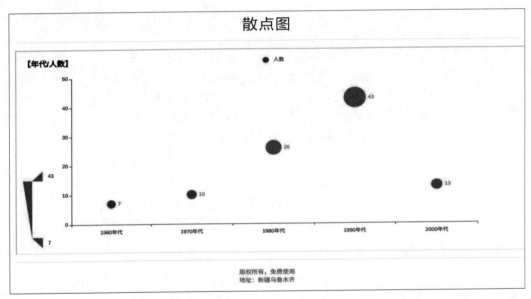

图 5-7　交互式动态散点图

5.7 雷达图

雷达图以从同一点开始的轴上表示的 3 个或更多个定量变量的二维图表的形式，来显示多变量数据。我们统计用户姓氏的出现频率，用交互式动态雷达图显示可视化结果。

5.7.1 视图设计

用 Sublime Text 向 app.py 添加以下雷达图视图函数代码：

```python
from pyecharts.charts import Radar
@app.route('/radar')
def radar():
    users = User.query.filter_by(isadmin = False).all()
    if not users:
        flash('没有用户注册','info')
        return redirect(url_for('regist1'))
    first_name = [user.name[0] for user in users]
    most = Counter(first_name).most_common()
    schema =[opts.RadarIndicatorItem(name=m[0],max_=most[0][1]) \
        for m in most]
    data =[m[1] for m in most]
    data = [data]
    radar = Radar()
    radar.add_schema(schema)
    radar.add('姓氏',data)
    radar.set_global_opts(title_opts=opts.TitleOpts('【姓氏/人数】'))
    return render_template('echart.html', title = '雷达图',
        data = radar.dump_options())
```

以上代码的主要说明如下。

首先从 pyecharts.charts 导入 Radar 用于创建交互式动态雷达图,设置雷达图视图函数 URL 路径。

然后定义雷达图视图函数 radar。在 radar 函数内,从后台数据库读取用户(除管理员外)信息。

- 如果一个用户都没有注册,则显示"没有用户注册"提示信息,并调用 redirect 转到用户注册页面。
- 如果有注册的用户,则进入 users 循环逐一获取每个用户的姓氏(first_name),然后统计各姓氏的出现次数并从高到低排序,存放到 most 列表中(每个子项的第一项是姓氏,第二项是该姓氏的人数);进入 most 循环,逐一获取各姓氏及出现次数,分别添加到 data 和 schema 列表中;然后用 data = [data] 对 data 进行转换。

最后调用 Radar 创建交互式动态雷达图,并进行参数设置;调用 render_template 渲染 echart.html 模板,向 echart.html 模板传递的参数有 title 和 data。

Pythonic 代码揭秘

```
first_name = [user.name[0] for user in users]
```
```
first_name = []
for user in users:
    first_name.append(user.name[0])
```

Pythonic 代码揭秘

```
schema =[opts.RadarIndicatorItem(name=m[0],
    max_=most[0][1]) for m in most]
data =[m[1] for m in most]
```

```
schema = []
data = []
    for m in most:
        schema.append(opts.RadarIndicatorItem(name=m[0],
            max_=most[0][1]))
        data.append(m[1])
```

5.7.2 运行结果

打开统信 UOS 终端，进入 www 文件夹，执行 python3 app.py 启动 Flask 自带的服务器（如果服务器已经启动，则跳过此步骤）。

```
$ cd www
$ python3 app.py
```

打开浏览器，在地址栏输入 127.0.0.1:5000/radar 并按 Enter 键，打开雷达图交互式动态可视化页面，如图 5-8 所示（这是一个交互式动态雷达图，将鼠标指针移到某个位置，图的显示效果会交互式动态变化并显示相应提示信息）。

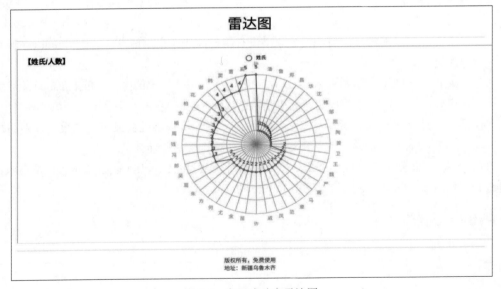

图 5-8 交互式动态雷达图

5.8 K线图

K线图常用于股市及期货市场，反映大致的状况和价格信息。K线图通常会在图中包含4个数据：开盘价（open）、最高价（highest）、最低价（lowest）和收盘价（close）。因为我们的用户数据与股市或期货市场无关，为了学习如何实现交互式动态K线图，这里假设这4个数据分别表示不同的文化程度：用lowest表示高职，用highest表示博士，用open表示本科，用close表示硕士（这里不讨论这些假设的合理性，主要是学会如何实现交互式动态K线图）。

我们统计各年代不同文化程度的人群，用交互式动态K线图显示可视化结果。

5.8.1 视图设计

用Sublime Text向app.py添加以下K线图视图函数代码：

```
from pyecharts.charts import Kline
@app.route('/kline')
def kline():
    users = User.query.filter_by(isadmin = False).all()
    if not users:
        flash('没有用户注册','info')
        return redirect(url_for('regist1'))
    years = []; y1 = []; y2 = []; y3 = []; y4 = []
    for user in users:
        year = str(user.birthday.year)
        years.append(f'{year[:3]}0')
        if user.education == '1': y1.append(f'{year[:3]}0')
        elif user.education == '2': y2.append(f'{year[:3]}0')
        elif user.education == '3': y3.append(f'{year[:3]}0')
        elif user.education == '4': y4.append(f'{year[:3]}0')
    m = Counter(years).most_common()
    m1 = Counter(y1).most_common()
    m2 = Counter(y2).most_common()
    m3 = Counter(y3).most_common()
    m4 = Counter(y4).most_common()
    x,y1,y2,y3,y4 = fillzero(m,m1,m2,m3,m4)
    y = [list(z) for z in zip(y2, y3, y1, y4)]
    kln = Kline()
    kln.add_xaxis(x)
    kln.add_yaxis('',y)
    kln.set_global_opts(title_opts = \
        opts.TitleOpts(title='【年代/文化程度】',
        subtitle="open: 基本（本科）; close: 够标（硕士）; lowest: 最低（高职）; highest: 最高（博士）"))
```

```
        return render_template('echart.html', title = 'K线图',
            data = kln.dump_options())
```

以上代码的主要说明如下。

首先从 pyecharts.charts 导入 Kline 用于创建交互式动态 K 线图，设置 K 线图视图函数 URL 路径。

然后定义 K 线图视图函数 kline。在 kline 函数内，从后台数据库读取用户（除管理员外）信息。

- 如果一个用户都没有注册，则显示"没有用户注册"提示信息，并调用 redirect 转到用户注册页面。
- 如果有注册的用户，定义 years、y1～y4 列表（y1 表示高职、y2 表示本科、y3 表示硕士、y4 表示博士）；进入 users 循环，逐一读取用户信息，将截取用户出生年份的前 3 位再加 0 后生成的用户所属年代添加到 years 列表中；按照用户的不同文化程度将所有用户分为 4 个组（高职、本科、硕士、博士），将各组用户的出生年代分别添加到 y1～y4 列表中（y1～y4 长度的和等于 years 的长度，y1～y4 的长度不一定相等）。

users 循环结束后，将统计各年代人数和各年代各文化程度人数并从高到低排序，将各年代人数存放到 m 列表中，将各年代各学历人数分别存放到 m1～m4 列表中，它们的存储格式均为 [('1990', 43), ('1980', 26),..., ('1960', 7)]。

调用 fillzero 填充函数统计各年代各文化程度人数，填充函数返回的结果中 x 为年代名称，y1～y4 为各年代各文化程度人数（y1 为高职人数，y2 为本科人数，y3 为硕士人数，y4 为博士人数，将它们按年代排序，其子项顺序与 x 的子项顺序相对应）。

调用 zip 函数把 y1～y4 组合成一个列表 y。

最后调用 Kline 创建交互式动态 K 线图，设置相关参数；调用 render_template 渲染 echart.html 模板，向 echart.html 模板传递的参数有 title 和 data。

5.8.2 运行结果

打开统信 UOS 终端，进入 www 文件夹，执行 python3 app.py 启动 Flask 自带的服务器（如果服务器已经启动，则跳过此步骤）。

```
$ cd www
$ python3 app.py
```

打开浏览器，在地址栏输入 127.0.0.1:5000/kline 并按 Enter 键，打开 K 线图交互式动态可视化页面，如图 5-9 所示（这是一个交互式动态 K 线图，将鼠标指针移到某个位置，图的显示效果会交互式动态变化并显示相应提示信息）。

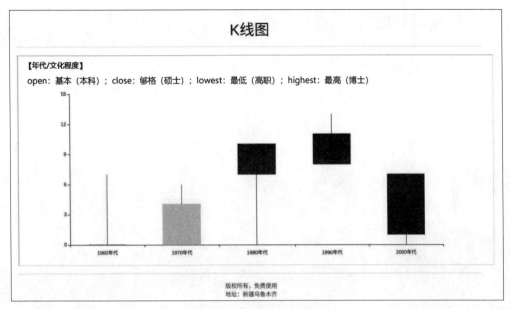

图 5-9 交互式动态 K 线图

从图 5-9 中我们可以看到,如果某个年代 close(硕士)的值大于其 open(本科)的值,则显示为红色(图中浅灰);如果 close 的值小于 open 的值,则显示为深蓝色(图中黑色)。

5.9 箱形图

箱形图是一种显示一组数据分散情况的统计图。绘制方法:先找出一组数据的上边缘(max)、下边缘(min)、中位数(median)和两个四分位数(Q1、Q3),然后连接两个四分位数画出箱体,再将上边缘和下边缘与箱体相连接,中位数在箱体中间。

我们统计各年代各个爱好的分布情况,用交互式动态箱形图显示可视化结果。

5.9.1 视图设计

用 Sublime Text 向 app.py 添加以下箱形图视图函数代码:

```python
from pyecharts.charts import Boxplot
@app.route('/boxplot')
def boxplot():
    users = User.query.filter_by(isadmin = False).all()
    if not users:
        flash('没有用户注册','info')
        return redirect(url_for('regist1'))
```

```
            years = []; y1 = []; y2 = []; y3 = []; y4 = []
            for user in users:
                year = str(user.birthday.year)
                years.append(year)
                if '1' in user.hobby: y1.append(year)
                if '2' in user.hobby: y2.append(year)
                if '3' in user.hobby: y3.append(year)
                if '4' in user.hobby: y4.append(year)
            m = Counter(years).most_common()
            m1 = Counter(y1).most_common()
            m2 = Counter(y2).most_common()
            m3 = Counter(y3).most_common()
            m4 = Counter(y4).most_common()
            x,y1,y2,y3,y4 = fillzero(m,m1,m2,m3,m4)
            x = ['篮球','足球','健身','其他']
            box = Boxplot()
            box.add_xaxis(x)
            box.add_yaxis('',box.prepare_data([y1,y2,y3,y4]))
            box.set_global_opts(title_opts = \
                opts.TitleOpts(title='【爱好/人数】'))
            return render_template('echart.html', title = '箱形图',
                data = box.dump_options())
```

以上代码的主要说明如下。

首先从 pyecharts.charts 导入 Boxplot 用于创建交互式动态箱形图,设置箱形图视图函数 URL 路径。然后定义箱形图视图函数 boxplot。在 boxplot 函数内,从后台数据库读取用户(除管理员外)信息。

- 如果一个用户都没有注册,则显示"没有用户注册"提示信息,并调用 redirect 转到用户注册页面。
- 如果有注册的用户,定义 years、y1 ~ y4 列表;进入 users 循环,逐一读取用户信息,将截取用户出生年份的前 3 位再加 0 后生成的用户所属年代添加到 years 列表中;按照用户的不同爱好将所有用户分为 4 个组(篮球、足球、健身、其他),将各组用户的出生年代分别添加到 y1 ~ y4 列表中。

users 循环结束后,将统计各年代人数和各年代各组人数并从高到低排序,将各年代人数存放到 m 列表中,将各年代各组人数分别存放到 m1 ~ m4 列表中,它们的存储格式均为 [('1990', 43), ('1980', 26),..., ('1960', 7)]。

调用 fillzero 填充函数统计各年代各个爱好的人数,填充函数返回的结果中 x 为年代名称,y1 ~ y4 为各年代各个爱好的人数(y1 表示爱好为篮球、y2 表示爱好为足球、y3 表示爱好为健身、y4 表示爱好为其他,把它们按年代排序,其子项顺序与 x 的子项顺序相对应)。

之后调用 Boxplot 创建交互式动态箱形图,设置相关参数。

最后调用 render_template 渲染 echart.html 模板,向 echart.html 模板传递的参数有 title 和 data。

Pythonic 代码揭秘

```
years = []; y1 = []; y2 = []; y3 = []; y4 = []
```

```
years = []
y1 = []
y2 = []
y3 = []
y4 = []
```

5.9.2 运行结果

打开统信 UOS 终端，进入 www 文件夹，执行 python3 app.py 启动 Flask 自带的服务器（如果服务器已经启动，则跳过此步骤）。

```
$ cd www
$ python3 app.py
```

打开浏览器，在地址栏输入 127.0.0.1:5000/boxplot 并按 Enter 键，打开箱形图交互式动态可视化页面，如图 5-10 所示（这是一个交互式动态箱形图，将鼠标指针移到某个位置，图的显示效果会交互式动态变化并显示相应提示信息）。

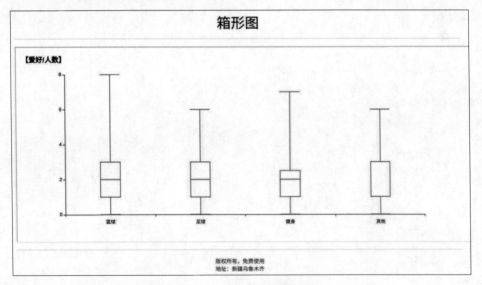

图 5-10　交互式动态箱形图

从图 5-10 中我们可以看到，篮球爱好者的 max 值为 8，min 值为 0，median 值为 2，Q1 值为 1，Q3 值为 3；足球爱好者的 max 值为 6，min 值为 0，median 值为 2，Q1 值为 1，Q3 值为 3；健身爱好者的 max 值为 7，min 值为 0，median 值为 2，Q1 值为 1，Q3 值为 2.5；其他爱好者的 max 值为 6，min 值为 0，median 值为 1，Q1 值为 1，Q3 值为 3。

5.10 漏斗图

漏斗图反映研究在一定样本量或精确性下单个研究的干预效应估计值。为了更好地理解漏斗图的使用，我们引入了权重的概念，即句子权重是句中每个词在全文中出现次数的累加值。

我们统计每个用户特长的权重，找出权重最大的前 10 个用户，用交互式动态漏斗图显示可视化结果。

5.10.1 视图设计

用 Sublime Text 向 app.py 添加以下漏斗图视图函数代码：

```python
from pyecharts.charts import Funnel
@app.route('/funnel')
def funnel():
    users = User.query.filter_by(isadmin = False).all()
    if not users:
        flash('没有用户注册','info')
        return redirect(url_for('regist1'))
    sklist = [user.skill for user in users]
    name = [user.name for user in users]
    sklstr = ''.join(sklist)
    #统计全部用户特长词频
    words = jieba.cut(sklstr, cut_all = False)
    count = Counter(words)    #全部用户特长
    sklval = []  #按顺序存放句子的权重
    #统计每个句子权重
    for s in sklist:
        sval = 0
        words1 = jieba.cut(s, cut_all=False)
        for w in words1:
            for key, val in count.items():
                if w == key: sval += val
        sklval.append(sval)
    arr = np.array(sklval)
    top = np.argsort(-arr)  #返回从小到大排序后的索引值
    ntop = [name[i] for i in top[0:10]]
    vtop = [sklval[i] for i in top[0:10]]
    data=[(i,j) for i ,j in zip(ntop,vtop)]
    fun = Funnel()
    fun.add('',data,label_opts=opts.LabelOpts(position="inside"))
    fun.set_global_opts(title_opts = \
        opts.TitleOpts(title='【特长权重】'))
```

```
    return render_template('echart.html', title = '漏斗图',
       data = fun.dump_options())
```

以上代码的主要说明如下。

首先从 pyecharts.charts 导入 Funnel 用于创建交互式动态漏斗图,设置漏斗图视图函数 URL 路径。

然后定义漏斗图视图函数 funnel。在 funnel 函数内,从后台数据库读取用户(除管理员外)信息。

- 如果一个用户都没有注册,则显示"没有用户注册"提示信息,并调用 redirect 转到用户注册页面。
- 如果有注册的用户,定义 sklstr 空字符串和 sklist、name 列表;进入 users 循环,逐一获取每个用户的特长和姓名,将所有用户的特长分别添加到 sklstr 字符串和 sklist 列表中,将所有用户的姓名添加到 name 列表中。

users 循环结束后,用 jieba.cut 对字符串 sklstr(存放所有用户的特长)进行分词,用 Counter 统计用户特长词频并赋值给 count。

进入 sklist 循环,统计每个用户特长权重,存放到 sklval 中。

sklist 循环结束后,用 np 的 array 和 argsort 函数对 sklval 进行从小到大排序并将排序后的索引值赋给 top 列表。

进入 top[0:10] 循环,获取特长权重最大的前 10 个用户,将用户名存放到 ntop 列表中,对应的特长权重值存放到 vtop 列表中。

用 zip 将 ntop 和 vtop 组成一个列表对。

之后调用 Funnel 创建交互式动态漏斗图,设置相关参数,其中 position="inside" 表示把标题显示在图的内部。

最后调用 render_template 渲染 echart.html 模板,向 echart.html 模板传递的参数有 title 和 data。

Pythonic 代码揭秘

```
sklist = [user.skill for user in users]
name = [user.name for user in users]
sklstr = ''.join(sklist)
```

```
sklstr = ''
sklist = []
name = []
for user in users:
    sklstr += user.skill
    sklist.append(user.skill)
    name.append(user.name)
```

Pythonic 代码揭秘

```
ntop = [name[i] for i in top[0:10]]
vtop = [sklval[i] for i in top[0:10]]
```

```
ntop = []
vtop = []
for i in top[0:10]:
        ntop.append(name[i])
        vtop.append(sklval[i])
```

5.10.2 运行结果

打开统信 UOS 终端，进入 www 文件夹，执行 python3 app.py 启动 Flask 自带的服务器（如果服务器已经启动，则跳过此步骤）。

```
$ cd www
$ python3 app.py
```

打开浏览器，在地址栏输入 127.0.0.1:5000/funnel 并按 Enter 键，打开漏斗图交互式动态可视化页面，如图 5-11 所示（这是一个交互式动态漏斗图，将鼠标指针移到某个位置，图的显示效果会交互式动态变化并显示相应提示信息）。

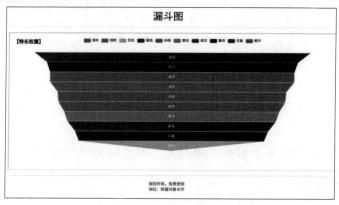

图 5-11　交互式动态漏斗图

5.11　词云图

词云图可以过滤掉大量的文本信息，使浏览者只需通过图就可以掌握文本的关键。我们统计所有用户特长词频，用交互式动态词云图显示可视化结果。

5.11.1　视图设计

用 Sublime Text 向 app.py 添加以下词云图视图函数代码：

```
from pyecharts.charts import WordCloud as echartsWordCloud
@app.route('/wordcloud')
def wordcloud():
    users = User.query.filter_by(isadmin = False).all()
    if not users:
        flash('没有用户注册','info')
        return redirect(url_for('regist1'))
    skills = ''
    for user in users: skills += user.skill
    words = jieba.cut(skills, cut_all = False)
    cwords = []
    for word in words:
        pin = ''.join(lazy_pinyin(word, style = Style.TONE))
        if pin != word and len(word) >= 2: cwords.append(word)
    wc = echartsWordCloud()
    data = Counter(cwords).most_common()
    wc.add('', data, shape='circle')
    wc.set_global_opts(title_opts=opts.TitleOpts('词率'))
    return render_template('echart.html', title = '词云图',
        data = wc.dump_options())
```

以上代码的主要说明如下。

首先从 pyecharts.charts 导入 WordCloud 并命名为 echartsWordCloud（为了与第 3 章从 wordcloud 导入的 WordCloud 进行区分），用于创建交互式动态词云图，设置词云图视图函数 URL 路径。

然后定义词云图视图函数 wordcloud。在 wordcloud 函数内，从后台数据库读取用户（除管理员外）信息。

- 如果一个用户都没有注册，则显示"没有用户注册"提示信息，并调用 redirect 转到用户注册页面。
- 如果有注册的用户，定义 skills 空字符串；进入 users 循环，逐一获取每个用户的特长，将所有用户的特长添加到 skills 字符串中，用 jieba.cut 对字符串 skills 进行分词并存放到 words 中；然后进入 words 循环，筛选 words 中的词语（若词语及其拼音不相等则判断为汉字，选取长度 2 及以上的词语是为了忽略连词、量词等副词）。

最后调用 echartsWordCloud 创建交互式动态词云图，设置相关参数，其中 shape='circle' 表示词云图形状为圆形；调用 render_template 渲染 echart.html 模板，向 echart.html 模板传递的参数有 title 和 data。

Pythonic 代码揭秘

```
for user in users: skills += user.skill
```
```
for user in users:
    skills += user.skill
```

5.11.2 模板设计

要让交互式动态词云图正常显示，首先从 ECharts 官网下载词云图 .js 扩展 echarts-wordcloud.min.js，把它复制到 static/js 文件夹，然后在 chartbase.html 可视化基模板的 {% block js %} 模块中添加以下代码（添加到 echarts.min.js 下面）：

```
...
<script src="{{ url_for('static',
   filename='js/echarts-wordcloud.min.js') }}"
   type="text/javascript">
</script>
...
```

词云图可以将文字根据不同的权重布局为大小、颜色各异的图，支持使用图片作为遮罩。

5.11.3 运行结果

打开统信 UOS 终端，进入 www 文件夹，执行 python3 app.py 启动 Flask 自带的服务器（如果服务器已经启动，则跳过此步骤）。

```
$ cd www
$ python3 app.py
```

打开浏览器，在地址栏输入 127.0.0.1:5000/wordcloud 并按 Enter 键，打开词云图交互式动态可视化页面，如图 5-12 所示（这是一个交互式动态词云图，将鼠标指针移到某个位置，图的显示效果会交互式动态变化并显示相应提示信息）。

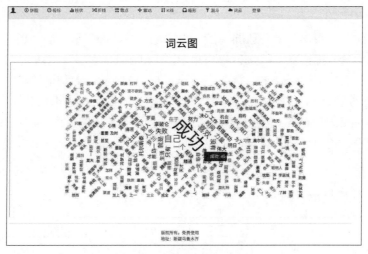

图 5-12 交互式动态词云图

5.12 基模板主菜单

前文我们分别实现了交互式动态饼图、极坐标系、柱状图、折线图、散点图、雷达图、K 线图、箱形图、漏斗图、词云图等常用的交互式动态 ECharts 图。每一个图都有独立的 URL 路径，每次分别输入这些图的 URL 打开相应的图相对麻烦，所以我们在这一节给可视化基模板添加主菜单，以通过主菜单上的子菜单项访问这些交互式动态图。

5.12.1 模板设计

用 Sublime Text 向 chartbase.html 可视化基模板的 {% block navbar %} 模块中添加如下代码：

```
{% block navbar %}
<div class="navbar navbar-default" role="navigation">
  <div class="container"><div class="navbar-header">
    <button type="button" class="navbar-toggle"
        data-toggle="collapse" data-target=".navbar-collapse">
      <span class="sr-only">Toggle navigation</span>
      <span class="icon-bar"></span>
      <span class="icon-bar"></span>
      <span class="icon-bar"></span></button>
    <a class="navbar-brand" href="/">
      <span class="glyphicon glyphicon-user"></span></a>
  </div>
  <div class="navbar-collapse collapse">
    <ul class="nav navbar-nav  me-auto">
    <li><a href="/pie">
        <span class="glyphicon glyphicon-record"></span>饼状</a></li>
    <li><a href="/polar">
        <span class="glyphicon glyphicon-dashboard"></span>极标</a></li>
    <li><a href="/bar">
        <span class="glyphicon glyphicon-stats"></span>柱状</a></li>
    <li><a href="/line">
        <span class="glyphicon glyphicon-random"></span>线状</a></li>
    <li><a href="/scatter">
        <span class="glyphicon glyphicon-gift"></span>散状</a></li>
    <li><a href="/radar">
        <span class="glyphicon glyphicon-screenshot"></span>雷达</a></li>
    <li><a href="/kline">
        <span class="glyphicon glyphicon-sort"></span>K线</a></li>
    <li><a href="/boxplot">
        <span class="glyphicon glyphicon-inbox"></span>箱形</a></li>
    <li><a href="/funnel">
```

```
                <span class="glyphicon glyphicon-filter"></span>漏斗</a></li>
            <li><a href="/wordcloud">
                <span class="glyphicon glyphicon-cloud"></span>词云</a></li>
            <li><a href="/">
                <span class="glyphicon glyphicon-log-out"></span>退出</a></li>
        </ul>
    </div></div>
</div>
{% endblock %}
```

以上代码的主要说明如下。

定义了一个自适应式主菜单，子菜单项有"饼状""极标""柱状""线状""散状""雷达""K线""箱形""漏斗""词云""退出"。单击相应的子菜单项，可打开相应的交互式动态可视化页面；单击"退出"子菜单项，则调用 logout 视图函数（在第 3 章实现过），退出可视化页面并转到用户登录页面。

用 Sublime Text 向 login_modal.html 文件的 modal-footer 类中添加如下代码：

```
...
<a class="btn btn-lg" href="/pie">
    <span class="glyphicon glyphicon-stats"></span>可视化
</a>
...
```

5.12.2　运行结果

打开统信 UOS 终端，进入 www 文件夹，执行 python3 app.py 启动 Flask 自带的服务器（如果服务器已经启动，则跳过此步骤）。

```
$ cd www
$ python3 app.py
```

打开浏览器，在地址栏输入 127.0.0.1:5000（也可以输入任一可视化视图 URL）并按 Enter 键，打开用户登录页面，如图 5-13 所示。

图 5-13　用户登录页面

在图 5-13 所示页面中单击"可视化"按钮，打开饼图交互式动态可视化页面，如图 5-14 所示。

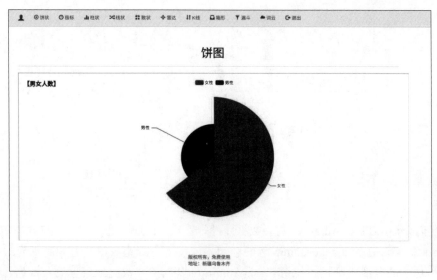

图 5-14 交互式动态饼图

从图 5-14 中我们可以看到，可视化页面顶部显示了主菜单，其子菜单项有本章实现的所有可视化交互式动态图，单击任一子菜单项即可打开相应的可视化交互式动态图。在主菜单中，单击"退出"子菜单项，系统将转到用户登录页面，因为这里我们调用了用户退出视图函数。

5.13　本章小结

本章我们分别学到了 ECharts 运行环境的搭建和交互式动态饼图、极坐标系、柱状图、折线图、散点图、雷达图、K 线图、箱形图、漏斗图、词云图等的生成。在实现过程中，我们尽量简化代码，同时将所有可视化交互式动态图统一用 echart.html 模板来显示，大大减少了代码的重复。

第 6 章 数据库管理

本章我们介绍用 Flask-Admin 对后台数据库进行管理。Flask-Admin 是一个功能齐全、简单、易用的 Flask 扩展，它受 django-admin 包的影响，但实现方式更灵活，开发者拥有最终应用程序的外观和功能的全部控制权。使用 Flask-Admin 可以方便、快捷地管理后台数据，让我们能够省去大量开发管理系统的时间，而将精力放到梳理业务逻辑上。数据库管理功能相关模块和页面在 1.1.5 小节中已有介绍，本章介绍如何具体实现。下面先简单回顾一下 Flask-Admin 后台管理模块的功能。

（1）登录与退出。在管理员登录页面，输入管理员邮箱和密码，选择"登录 Flask-Admin 后台"复选框（必选），单击"管理员登录"按钮，进入 Flask-Admin 后台管理页面。在 Flask-Admin 后台管理页面，单击"「安全退出」"超链接，可退出 Flask-Admin 后台转到用户登录页面，并显示"您已安全退出"提示信息。

（2）用户表管理。在 Flask-Admin 后台管理页面，单击主菜单上的"用户表管理"子菜单项，打开用户表管理页面，这里只显示程序设计时被允许显示的字段和内容。

- 在用户表管理页面，单击"查看记录"按钮（小眼睛图标），可查看用户所有信息详情。
- 在用户表管理页面，单击"编辑记录"按钮（小铅笔图标），可对用户信息中在程序设计时被允许编辑的字段进行编辑。其中，文化程度字段以下拉列表形式显示（单击字段后的下三角按钮，可弹出下拉列表）。
- 在用户表管理页面，单击"删除记录"按钮（小垃圾桶图标），显示"你打算删除这条记录？"提示框，在提示框中单击"确定"按钮可删除 1 条用户信息。删除成功后，显示"1 记录被成功删除。"提示信息。如果要删除多条用户信息，在用户表管理页面选择要删除多条用户记录（选择最左边的记录复选框），单击"选中的"后的下三角按钮，在打开的下拉菜单中选择"删除"子菜单项。
- 在用户表管理页面，单击"导出"按钮，以 CSV 格式导出所有用户信息。

（3）系统初始化。在用户表管理页面，单击主菜单上的"系统初始化"子菜单项，显示系统初始化页面。在系统初始化页面，选择"删除用户文件"和"数据库初始化"复选框（可任选），单击"系统初始化"按钮，系统将删除用户文件并对数据库进行初始化。系统初始化成功后，转到管理员登录页面，并显示"删除用户文件数据库初始化完毕！"提示信息。

（4）管理员页面。单击主菜单上的"管理员页面"子菜单项，打开管理员主页。管理员页面的功能与管理主页功能一样，只是没有实现编辑功能，"操作"列按钮组可以对用户进行"审核通过""审核不通过"和删除等操作。

（5）密码初始化。单击主菜单上的"密码初始化"子菜单项，打开密码初始化页面。在密码初始化页面，输入要初始化密码的用户邮箱，单击"密码初始化"按钮，即可对该用户密码进行初始化，初始化后的密码为"123456"。

（6）用户图相册。单击主菜单上的"用户图相册"子菜单项，打开用户图相册页面。

6.1 准备工作

1. 安装 Flask-Admin

Flask-Admin 是一个简单、易用的 Flask 扩展，让用户可以很方便并快速地为 Flask 应用程序增加管理界面。

安装 Flask-Admin 非常简单，与其他 Flask 扩展安装方法一样。在统信 UOS 终端，执行以下命令安装 Flask-Admin，看到 Successfully installed 字样就表示安装成功：

```
$ python3 -m pip install flask-admin
...
Successfully installed flask-admin-1.6.0
```

2. 安装 Flask-Babel

Flask-Babel 是 Flask 的翻译扩展工具。

在统信 UOS 终端，执行以下命令安装 Flask-Babel，看到 Successfully installed 字样就表示安装成功：

```
$ python3 -m pip install flask-babel
...
Successfully installed Babel-2.10.3 flask-babel-2.0.0
```

我们可以看到一并安装的包有：
- Babel-2.10.3；
- flask-babel-2.0.0。

6.2 Flask-Admin登录页面

Flask-Admin 后台登录功能调用第 4 章的管理员登录 AdminForm 表单类和管理员登录视图函数，只是向表单类添加一个"登录 Flask-Admin 后台"复选框，在管理员登录视图函数中对这个复选框进行判断。如果"登录 Flask-Admin 后台"复选框被选上，则登录 Flask-Admin 后台管理页面；如果"登录 Flask-Admin 后台"复选框没有被选上，则登录管理主页。

6.2.1 表单设计

用 Sublime Text，在管理员登录 AdminForm 表单类中定义"登录"按钮的代码上方，添加以下"登录 Flask-Admin 后台"复选框代码：

```
flaskadmin = BooleanField('登录Flask-Admin后台')
```

添加完以上代码后，完整的 AdminForm 表单类代码如下（斜体的代码是新添加的"登录 Flask-Admin 后台"复选框代码）：

```
class AdminForm(FlaskForm):
    email = StringField('邮箱：',
        validators = [DataRequired(),Email('邮箱格式错误')],
        render_kw = {'placeholder': u'输入邮箱地址（登录用）'})
    password = PasswordField('密码：',
        validators = [DataRequired(), Length(6,18)],
        render_kw = {'placeholder': u'输入用户密码（6-18位）'})
    flaskadmin = BooleanField('登录Flask-Admin后台')
    submit = SubmitField('登录')
```

6.2.2 视图设计

用 Sublime Text 对 admin 视图函数中的转向管理主页的代码部分进行如下修改：

```
flaskadmin = form.flaskadmin.data
if flaskadmin: return redirect(url_for('admin.index'))
else: return redirect(url_for('admined'))
```

修改后的 admin 视图函数的完整代码如下（斜体的代码是新添加和修改后的代码）：

```
@app.route('/admin',methods=['GET','POST'])
def admin():
    ...
    if form.validate_on_submit():
        email = form.email.data
        password = form.password.data
        flaskadmin = form.flaskadmin.data
        user = User.query.filter_by(email = email, \
            isadmin = True).first()
        if user:
            if check_password_hash(user.password,password):
                if user.verify:
                    login_user(user, False)
                    if flaskadmin:
                        return redirect(url_for('admin.index'))
                    else: return redirect(url_for('admined'))
                else: flash('该账号未审核通过！','warning')
            else: flash('密码有误！','warning')
        else: flash('用户名有误！','warning')
    if form.errors: flash(form.errors,'danger')
    return render_template("admin.html", form=form)
```

以上代码的主要说明如下。

代码其他部分的功能与管理员登录视图函数的一样。新增和修改的部分先从表单读取"登录 Flask-Admin 后台"复选框数据并赋值给 flaskadmin，然后判断 flaskadmin 是否被选上。如果被选上，则调用 redirect(url_for('admin.index')) 转到 Flask-Admin 后台管理视图；如果没有被选上，则调用 redirect(url_for('admined')) 转到管理主页 admined 视图。

Pythonic 代码揭秘

```
if flaskadmin: return redirect(url_for('admin.index'))
else: return redirect(url_for('admined'))
```

```
if flaskadmin:
    return redirect(url_for('admin.index'))
else:
    return redirect(url_for('admined'))
```

6.2.3 模板设计

用 Sublime Text，在 admin.html 模板（在 templates 下）中的密码输入框代码后面添加以下代码，让"登录 Flask-Admin 后台"复选框显示在管理员登录页面：

```
...
<div class="form-group">
   {{ form.flaskadmin() }}
   {{ form.flaskadmin.label }}
</div>
...
```

6.2.4 运行结果

打开统信 UOS 终端，进入 www 文件夹，执行 python3 app.py 启动 Flask 自带的服务器（如果服务器已经启动，则跳过此步骤）。

```
$ cd www
$ python3 app.py
```

打开浏览器，在地址栏输入 127.0.0.1:5000/admin 并按 Enter 键，打开管理员登录页面，如图 6-1 所示。我们会发现在管理员登录页面多了一个"登录 Flask-Admin 后台"复选框。

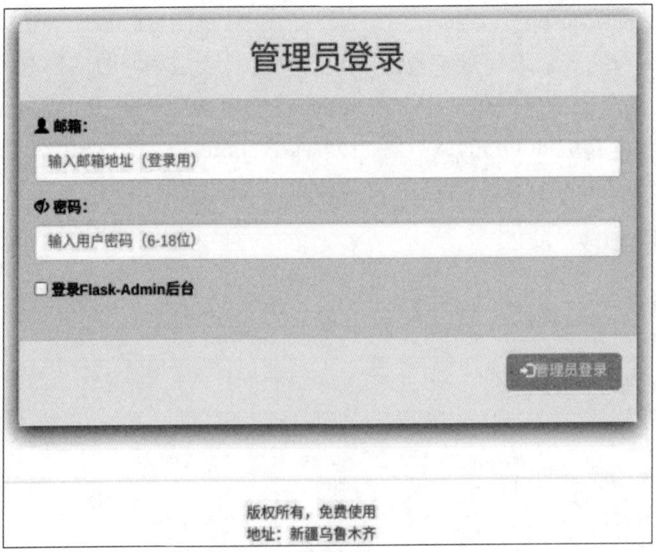

图 6-1 管理员登录页面

6.3 Flask-Admin后台主页

6.3.1 视图设计

用 Sublime Text，首先向 app.py 添加以下 Flask-Admin 后台主页视图代码：

```
from flask_admin import AdminIndexView
class HomeView(AdminIndexView):
   def is_accessible(self):
      return current_user.is_authenticated and \
         current_user.isadmin
   def inaccessible_callback(self, name, **kwargs):
      #如果用户不能登录，转到登录页面
      return redirect(url_for('admin', next=request.url))
```

以上代码的主要说明如下。

首先从 flask_admin 导入 AdminIndexView，用于创建 Flask-Admin 后台主页视图。然后定义主页视图函数 HomeView 类，该类继承 AdminIndexView 类。在 HomeView 类内，分别定义 is_accessible 和 inaccessible_callback 两个内部函数。is_accessible 函数返回当前用户是否为管理员且是否有管理员权限；如果用户不能登录，则使用 inaccessible_callback 函数转到登录页面 admin。

然后对 Flask-Admin 后台主页视图的参数进行设置，代码如下：

```
from flask_admin import Admin
from flask_babelex import Babel
babel = Babel(app)
app.config['BABEL_DEFAULT_LOCALE'] = 'zh_CN' #中文
app.config['FLASK_ADMIN_SWATCH'] = 'cerulean' #外观
admin = Admin(app, index_view = HomeView(name='退出'),
   name="Flask-Admin后台", template_mode='bootstrap3')
```

以上代码的主要说明如下。

首先分别从 flask_admin 导入 Admin 用于创建 Admin 实例，从 flask_babelex 导入 Babel（国际化工具包）用于界面语言的设置。

然后调用 Babel(app) 创建 babel 实例，用 BABEL_DEFAULT_LOCALE 配置参数来设置界面语言为中文，用 FLASK_ADMIN_SWATCH 配置参数来设置页面外观样式为 cerulean。

最后调用 Admin 创建主页视图实例 admin 并设置参数，主页名称 name 为"Flask-Admin 后台"，模板模型 template_mode 为 bootstrap3，主菜单有一个"退出"子菜单项。

6.3.2 模板设计

用统信 UOS 文件管理器，在 templates 下创建 admin 文件夹。用 Sublime Text 在 templates/admin 下创建 index.html 模板，代码如下：

```
{% extends 'admin/master.html' %}
{% block body %}
<div class="page-header">
    <div align="center"><h1>关于Flask-Admin后台</h1></div>
</div>
<div class="container">
    <div class="row text-info" style='BORDER: 1px inset;
        padding:80px;'>
    <a href="{{ url_for('logout') }}"><h1>「安全退出」</h1></a>
    <div>Flask-Admin是一个功能齐全、简单易用的Flask扩展，它受django-admin包的影响，开发者拥有最终应用的外观和功能的全部控制权。使用Flask-Admin可以方便、快捷地管理后台数据，让我们能够省去很多开发管理系统的时间，而更多地将精力放到梳理业务逻辑上。</div>
    </div>
</div>
<div class="container">
    <hr/><div class="text-center text-muted">
    版权所有，免费使用<br />地址：新疆乌鲁木齐</div>
</div>
{% endblock %}
```

以上代码的主要说明如下。

首先用 {% extends 'admin/master.html' %} 继承 admin/master.html 模板，在 page-header 中设置页面标题。

然后在第一个 container 的带边框的 div 内设置"「安全退出」"超链接，URL 指向在第 3 章实现的 logout 视图；添加关于 Flask-Admin 的介绍文本内容。

最后在第二个 container 内设置页脚信息。

6.3.3 运行结果

打开统信 UOS 终端，进入 www 文件夹，执行 python3 app.py 启动 Flask 自带的服务器（如果服务器已经启动，则跳过此步骤）。

```
$ cd www
$ python3 app.py
```

打开浏览器，在地址栏输入 127.0.0.1:5000/admin 并按 Enter 键，打开管理员登录页面，输入管理员邮箱和密码，选择"登录 Flask-Admin 后台"复选框（如果没有选择，则登录管理主页），单击"管理员登录"按钮，打开 Flask-Admin 后台主页，如图 6-2 所示。

图 6-2　Flask-Admin 后台主页

6.4　用户表管理页面

6.4.1　视图设计

用 Sublime Text，首先向 app.py 添加以下定义用户表视图代码：

```
from flask_admin.contrib.sqla import ModelView
class UserView(ModelView):
    def is_accessible(self):
        return current_user.is_authenticated and \
            current_user.isadmin
    def inaccessible_callback(self, name, **kwargs):
        return redirect(url_for('admin', next=request.url))
    column_labels = {'email' : '邮箱','password':'密码',
        'name':'姓名','gender':'性别','birthday':'出生日期',
        'isadmin':'管理员','verify':'状态','education':'文化程度',
        'image':'照片','hobby':'爱好','skill':'特长'}
    can_create = False; can_view_details = True
    can_export = True; page_size = 10
    #主页不显示的字段
    column_exclude_list=['email','password','birthday','image',
        'education','skill','hobby']
```

```
#不能编辑的字段
form_excluded_columns = ['email','password','image', 'hobby']
form_choices={'education':[('1','1-高职'),('2','2-本科'),
    ('3','3-硕士'), ('4','4-博士')]}
```

以上代码的主要说明如下。

首先从 flask_admin 导入 ModelView 用于创建用户表视图。

然后定义 UserView 用户表视图类，该类继承 ModelView 类。在 UserView 类内，分别定义 is_accessible 和 inaccessible_callback 两个内部函数。

最后用 column_labels 设置字段标题，用 can_create = False 禁止创建功能，用 can_view_details = True 允许浏览详情，用 can_export = True 开启导出功能，用 page_size = 10 设置每页显示 10 条信息，用 column_exclude_list 设置主页不显示的字段，用 form_excluded_columns 设置不能编辑的字段，用 form_choices 对文化程度字段设置下拉式单选框。

Pythonic 代码揭秘

can_create=False;can_view_details=True;can_export=True;page_size=10

```
can_create = False
can_view_details = True
can_export = True
page_size = 10
```

然后为了在 Flask-Admin 后台主菜单显示"用户表管理"子菜单项，向 app.py 添加以下代码：

```
admin.add_view(UserView(User, db.session, name='用户表管理'))
```

6.4.2　运行结果

打开统信 UOS 终端，进入 www 文件夹，执行 python3 app.py 启动 Flask 自带的服务器（如果服务器已经启动，则跳过此步骤）。

```
$ cd www
$ python3 app.py
```

打开浏览器，在地址栏输入 127.0.0.1:5000/admin 并按 Enter 键，打开管理员登录页面，输入管理员邮箱和密码，选择"登录 Flask-Admin 后台"复选框（如果没有选择，则登录管理主页），单击"管理员登录"按钮，打开 Flask-Admin 后台主页，我们会发现在主菜单多了"用户表管理"子菜单项，单击"用户表管理"可打开用户表管理页面，如图 6-3 所示。

图 6-3　Flask-Admin 用户表管理页面

从图 6-3 中我们可以看到，在用户表管理页面可以浏览所有用户信息（分页显示，每页有 10 条信息），可以查看用户的所有字段内容并对被允许的字段内容进行编辑，可以批量删除用户，可以以 CSV 表格式导出用户表所有数据等。

6.5　系统初始化

在第 4 章我们已实现过系统初始化功能，在本节我们用 Flask-Admin 实现同样的功能，读者可以对比两段代码了解二者的不同。

6.5.1　视图设计

用 Sublime Text，首先向 app.py 添加以下定义系统初始化视图代码：

```
from flask_admin import BaseView, expose
class InitsysView(BaseView):
    @expose('/', methods=('GET', 'POST'))
    @login_required
    def index(self):
        form = InitsysForm()
        if form.validate_on_submit():
            deldir = form.deldir.data
            initdb = form.initdb.data
            message = ''
```

```
            if deldir:
                message = '删除用户文件'
                path = 'static/image'; delfile(path)
                path = 'static/file'; delfile(path)
            if initdb:
                message += '数据库初始化'
                db.session.query(User).filter_by(isadmin = \
                    False).delete()
                db.session.commit()
            flash(message + '完毕！','success')
            return redirect(url_for('admin'))
        if form.errors: flash(form.errors,'danger')
        return self.render('admin/initsys.html',form = form)
```

以上代码的主要说明如下。

首先从 flask_admin 分别导入 BaseView 用于创建视图，导入 expose 用于设置 URL 路径和 GET、POST 方法。

然后定义 InitsysView 视图类，该类继承 BaseView 类。在 InitsysView 视图类内，设置 URL 路径和 GET、POST 方法，设置登录后方可访问；定义 index 函数，在 index 函数内，调用 InitsysForm 创建 form 表单实例。

- 如果"系统初始化"按钮被单击且表单提交内容有效，则从表单中分别读取"删除用户文件"和"数据库初始化"复选框的数据。
  - 如果"删除用户文件"复选框被选上，则调用delfile函数，分别删除static/image（用户照片）和static/file（系统生成的用户简历Word文档）文件夹里面的所有文件。
  - 如果"数据库初始化"复选框被选上，则删除User表里面的所有数据；显示操作完成提示信息。
- 如果"系统初始化"按钮被单击且表单提交内容有误，则警告用户并显示错误信息。

最后通过调用 self.render（注意：不是 render_template）渲染系统初始化模板 admin/initsys.html。

为了在 Flask-Admin 后台主菜单显示"系统初始化"子菜单项，向 app.py 添加以下代码：

```
admin.add_view(InitsysView(name='系统初始化'))
```

6.5.2　模板设计

用 Sublime Text，在 templates/admin 下创建 initsys.html 模板，代码如下：

```
{% extends 'admin/master.html' %}
{% import "bootstrap/wtf.html" as wtf %}
```

```
{% block body %}
<div class="page-header">
    <div align="center"><h1>系统初始化</h1></div>
</div>
<div class="container">
    <div class="row" style='BORDER: 1px inset; padding:10px;'>
        {{ wtf.quick_form(form) }}
    </div>
</div>
{% endblock %}
```

以上代码的主要说明如下。

首先用 {% extends 'admin/master.html' %} 继承 admin/master.html 模板，以 wtf 为名导入 bootstrap/wtf.html 用于快速渲染表单。

然后在 page-header 设置页面标题。

最后在 container 内调用 {{wtf.quick_form(form)}} 快速渲染表单。

6.5.3 运行结果

打开统信 UOS 终端，进入 www 文件夹，执行 python3 app.py 启动 Flask 自带的服务器（如果服务器已经启动，则跳过此步骤）。

```
$ cd www
$ python3 app.py
```

打开浏览器，在地址栏输入 127.0.0.1:5000/admin 并按 Enter 键，打开管理员登录页面，输入管理员邮箱和密码，选择"登录 Flask-Admin 后台"复选框（如果没有选择，则登录管理主页），单击"管理员登录"按钮，打开 Flask-Admin 后台主页。我们会发现在主菜单又多了"系统初始化"子菜单项，单击"系统初始化"可打开系统初始化页面，如图 6-4 所示。

图 6-4　Flask-Admin 系统初始化页面

6.6 管理员页面

6.6.1 视图设计

1. 定义 AdminedView 视图类

用 Sublime Text 向 app.py 添加以下代码定义管理员页面视图：

```
class AdminedView(BaseView):
    @expose('/', methods=('GET', 'POST'))
    @login_required
    def index(self):
        page = request.args.get('page', 1, type = int)
        pagination = \
            User.query.filter_by(isadmin = False).paginate(page, \
                per_page = 10)
        users = pagination.items
        if not users:
            flash('没有用户注册','warning')
            return redirect(url_for('regist1'))
        now = datetime.now()
        return self.render("admin/admined.html",
            pagination = pagination, users = users, now = now)
```

以上代码的主要说明如下。

首先定义 AdminedView 视图类，该类继承 BaseView 类。在 AdminedView 视图类内，设置 URL 路径和 GET、POST 方法，设置登录后方可访问。

然后定义 index 函数，在 index 函数内，从后台数据库获取不是管理员的所有用户信息，用 paginate 分页显示，每页显示 10 条记录，之后赋值给 users，判断 users 是否存在。

- 如果不存在，则显示"没有用户注册"提示信息，并转到用户注册页面。
- 如果存在，获取系统当前时间，调用 self.render 渲染 admin/admined.html 模板，向 admin/admined.html 模板传递的参数有 pagination、users 和 now。

2. 定义审核通过函数

用 Sublime Text 向 app.py 添加以下定义审核通过函数代码：

```
@app.route('/AdminedView_verify_true/<int:userid>')
@login_required
```

```python
def AdminedView_verify_true(userid):
    user = User.query.get(userid)
    if not user:
        flash('没有用户信息','danger')
        return redirect(url_for('admin'))
    user.verify = True
    db.session.commit()
    return redirect(url_for('adminedview.index'))
```

以上代码的主要说明如下。

首先设置审核通过函数 URL 路径和参数 userid。

然后设置登录后方可调用。

最后定义审核通过函数 AdminedView_verify_true，需要输入参数 userid。在该函数内，通过传递过来的参数 userid，从后台数据库获取用户信息。

- 如果用户不存在，则显示"没有用户信息"提示信息，并转到管理员登录页面视图 admin。
- 如果用户存在，则将用户的 verify 字段值设置为 True，提交之后转到 adminedview.index 视图。

3. 定义审核不通过函数

用 Sublime Text 向 app.py 添加以下定义审核不通过函数代码：

```python
@app.route('/AdminedView_verify_false/<int:userid>')
@login_required
def AdminedView_verify_false(userid):
    user = User.query.get(userid)
    if not user:
        flash('没有用户信息','danger')
        return redirect(url_for('admin'))
    user.verify = False
    db.session.commit()
    return redirect(url_for('adminedview.index'))
```

以上代码的主要说明如下。

首先设置审核不通过函数 URL 路径和参数 userid。

然后设置登录后方可调用。

最后定义审核不通过函数 AdminedView_verify_false，需要输入参数 userid。在该函数内，通过传递过来的参数 userid，从后台数据库获取用户信息。

- 如果用户不存在，则显示"没有用户信息"提示信息，并转到管理员登录页面视图 admin。
- 如果用户存在，则将用户的 verify 字段值设置为 False，提交之后转到 adminedview.index 视图。

4. 定义删除用户函数

用 Sublime Text 向 app.py 添加以下定义删除用户函数代码:

```python
@app.route('/AdminedView_delete/<int:userid>', methods=['POST'])
@login_required
def AdminedView_delete(userid):
    user = User.query.get(userid)
    if not user:
        flash('没有用户信息','danger')
        return redirect(url_for('admin'))
    db.session.delete(user)
    db.session.commit()
    path = 'static/image/' + user.image
    if os.path.exists(path): os.remove(path)
    flash(f'{user.name}删除成功','success')
    return redirect(url_for('adminedview.index'))
```

以上代码的主要说明如下。

首先设置删除用户函数 URL 路径、参数 userid 和 POST 方法。

然后设置登录后方可调用。

最后定义删除用户函数 AdminedView_delete,需要输入参数 userid。在该函数内,通过传递过来的参数 userid,从后台数据库获取用户信息。

- 如果用户不存在,则显示"没有用户信息"提示信息,并转到管理员登录页面视图 admin。
- 如果用户存在,则从后台数据库删除用户信息,提交之后,从服务器 static/image/ 文件夹删除用户照片并显示 "{user.name} 删除成功"提示信息,转到 adminedview.index 视图。

5. 向主菜单添加子菜单项

用 Sublime Text 向 app.py 添加以下代码,向主菜单添加子菜单项"管理员页面":

```python
admin.add_view(AdminedView(name='管理员页面'))
```

6.6.2 模板设计

用 Sublime Text,在 templates/admin 下创建 admined.html 模板,代码如下:

```
{% extends 'admin/master.html' %}
{% from "bootstrap/pagination.html" import render_pagination %}
{% block body %}
<div class="page-header"><div align="center"><h1>管理员主页</h1></div></div>
```

```html
<div class="container">
<table class="table table-striped table-bordered" >
    <thead>
        <th width="10%" class='text-center'>姓名</th>
        <th width="4%" class='text-center'>性别</th>
        <th width="4%" class='text-center'>年龄</th>
        <th width="10%" class='text-center'>文化程度</th>
        <th width="4%" class='text-center'>照片</th>
        <th width="16%" class='text-center'>爱好</th>
        <th width="8%" class='text-center'>审核</th>
        <th width="8%" class='text-center'>操作</th>
    </thead>
    {% if users %}
        {% for user in users %}<tr>
        <td>{{ user.name }}</td>
        <td>{% if user.gender == True %}男{% else %}女{% endif %}</td>
        <td>{{ now.year-user.birthday.year }}</td>
        <td>
            {% if user.education == '1' %}高职
            {% elif user.education == '2' %}本科
            {% elif user.education == '3' %}硕士
            {% elif user.education == '4' %}博士
            {% endif %}
        </td>
        <td style="text-align:center">
            <img src= '/static/image/{{ user.image }}'
                width="15" height="20" />
        </td>
        <td >
            {% for i in user.hobby %}
            {% if i == '1' %}篮球{% elif i == '2' %}足球
            {% elif i == '3' %}健身{% elif i == '4' %}其他{% endif %}
            {% endfor %}
        </td>
        <td >
            {% if user.verify == None %}
                <span class="text-warning">未审核</span>
            {% elif user.verify == True %}
                <span class="text-success">通过</span>
            {% else %}
                <span class="text-danger">不通过</span>
            {% endif %}
        </td>
        <td>
```

```html
            <div class="btn-group">
            <form class="inline" method="POST"
               action="{{ url_for('AdminedView_delete', userid=user.id) }}">
               <a href="{{ url_for('AdminedView_verify_true',
                  userid=user.id) }}">通过</a>
               <a href="{{ url_for('AdminedView_verify_false',
                  userid=user.id) }}">不通过</a>
               <button type="submit" class="btn btn-sm"
                  onclick="return confirm('真的要删除吗？');">删除
               </button>
            </form>
            </div>
         </td>
      </tr>{% endfor%}
   {% endif %}
</table>
{% if users %}
   <div class="page-footer text-center">
      {{ render_pagination(pagination) }}</div>
{% endif %}
</div>
{% endblock %}
```

以上代码的主要说明如下。

首先用 {% extends 'admin/master.html' %} 继承 admin/master.html 模板；从 bootstrap/pagination.html 导入 render_pagination 用于分页显示；在 page-header 设置页面标题。

然后设置表格标题；进入 users 循环，逐一获取用户信息并显示在表格中；在表格最后一列，在 form 内通过调用相关函数，实现审核通过、审核不通过和用户删除功能。

最后实现分页显示。

6.6.3 运行结果

打开统信 UOS 终端，进入 www 文件夹，执行 python3 app.py 启动 Flask 自带的服务器（如果服务器已经启动，则跳过此步骤）。

```
$ cd www
$ python3 app.py
```

打开浏览器，在地址栏输入 127.0.0.1:5000/admin 并按 Enter 键，打开管理员登录页面，输入管理员邮箱和密码，选择"登录 Flask-Admin 后台"复选框，单击"管理员登录"按钮，打开 Flask-Admin 后台主页。单击"管理员页面"子菜单项，打开管理员主页，如图 6-5 所示。

图 6-5　Flask-Admin 管理员主页

6.7　密码初始化

6.7.1　视图设计

用 Sublime Text 向 app.py 添加以下定义密码初始化视图代码：

```
class InitpwdView(BaseView):
    @expose('/', methods=('GET', 'POST'))
    @login_required
    def index(self):
        form = InitpwdForm()
        if form.validate_on_submit():
            email = form.email.data
            user = User.query.filter_by(email = email).first()
            if user:
                password = generate_password_hash('123456')
                user.password = password
                db.session.commit()
                flash(email + '的初始密码为：123456','success')
            else: flash(email + '不存在！','warning')
        if form.errors: flash(form.errors,'danger')
        return self.render('admin/initpwd.html',form = form)
```

以上代码的主要说明如下。

首先定义 InitpwdView 视图类，该类继承 BaseView 类；在 InitpwdView 视图类内，设置 URL 路径和 GET、POST 方法，设置登录后方可访问。

然后定义 index 函数，在 index 函数内，调用 InitpwdForm 创建 form 表单（在第 4 章中定义）。

- 如果"密码初始化"按钮被单击且表单提交内容有效，则从表单读取邮箱地址，从后台数据库查找该邮箱用户。
    - 如果用户存在，则将其密码初始化为 123456，显示"×××的初始密码为：123456"提示信息。
    - 如果用户不存在，则显示"×××不存在！"提示信息。
- 如果表单提交内容有误，则显示错误信息。

最后调用 self.render 渲染 admin/initpwd.html 模板。

用 Sublime Text 向 app.py 添加以下代码，向主菜单添加子菜单项"密码初始化"：

```
admin.add_view(InitpwdView(name='密码初始化'))
```

6.7.2 模板设计

用 Sublime Text，在 templates/admin 下创建 initpwd.html 模板，代码如下：

```
{% extends 'admin/master.html' %}
{% import "bootstrap/wtf.html" as wtf %}
{% block body %}
<div class="page-header">
    <div align="center"><h1>密码初始化</h1></div>
</div>
<div class="container">
    <div class="row" style='BORDER: 1px inset; padding:10px;'>
        {{ wtf.quick_form(form) }}
    </div>
</div>
{% endblock %}
```

以上代码的主要说明如下。

首先用 {% extends 'admin/master.html' %} 继承 admin/master.html 模板，以 wtf 为名导入 bootstrap/wtf.html 用于快速渲染表单。

然后在 page-header 设置页面标题。

最后在 container 内调用 {{wtf.quick_form(form)}} 快速渲染表单。

6.7.3 运行结果

打开统信 UOS 终端，进入 www 文件夹，执行 python3 app.py 启动 Flask 自带的服务器（如果服务器已经启动，则跳过此步骤）。

```
$ cd www
$ python3 app.py
```

打开浏览器，在地址栏输入 127.0.0.1:5000/admin 并按 Enter 键，打开管理员登录页面，输入管理员邮箱和密码，选择"登录 Flask-Admin 后台"复选框，单击"管理员登录"按钮，打开 Flask-Admin 后台主页。单击"密码初始化"子菜单项，打开密码初始化页面，如图 6-6 所示。

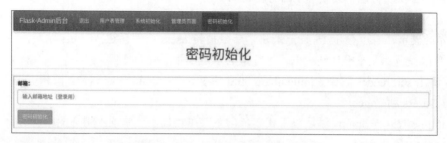

图 6-6　Flask-Admin 密码初始化页面

6.8　用户图相册

6.8.1　视图设计

用 Sublime Text 向 app.py 添加以下定义用户图相册视图代码：

```
class AlbumView(BaseView):
    @expose('/', methods=('GET', 'POST'))
    @login_required
    def index(self):
        page = request.args.get('page', 1, type = int)
        pagination = \
            User.query.filter_by(isadmin = False).paginate(page, \
                per_page = 15)
        users = pagination.items
        #每行显示5张照片
        imgrow = []; imgcol = []; iend = 0
        for i,u in enumerate(users,1):
            imgrow.append(u.image)
            if i % 5 == 0:
                imgcol.append(imgrow); imgrow = []; iend = i
        #最后不足5张照片的处理
```

```
            imgrow = [u.image for u in users[iend:]]
            imgcol.append(imgrow)
        return self.render("admin/album.html",
            pagination = pagination,users = users,imgcol = imgcol)
```

以上代码的主要说明如下。

首先定义 AlbumView 视图类，该类继承 BaseView 类。在 AlbumView 视图类内，设置 URL 路径和 GET、POST 方法，设置登录后方可访问。

然后定义 index 函数，在 index 函数内，从后台数据库获取不是管理员的所有用户信息，用 paginate 分页显示，每页显示 15 条记录，之后赋值给 users；然后进入 users 循环，进行每行显示 5 张照片的设置；users 循环结束以后进行最后不足 5 张照片的处理。

最后调用 self.render 渲染 admin/album.html 模板，向 admin/album.html 模板传递的参数有 pagination、users 和 imgcol。

用 Sublime Text 向 app.py 添加以下代码，向主菜单添加子菜单项"用户图相册"：

```
admin.add_view(AlbumView(name='用户图相册'))
```

6.8.2 模板设计

用 Sublime Text，在 templates/admin 下创建 album.html 模板，代码如下：

```
{% extends 'admin/master.html' %}
{% from "bootstrap/pagination.html" import render_pagination %}
{% block body %}
<div class="page-header">
    <div align="center"><h1>用户图相册</h1></div>
</div>
<div class="container">
    <div class="row" style='overflow-y :scroll; BORDER: 1px inset;
        padding:10px;'>
    <table class="table table-striped table-bordered" >
        {% if imgcol %}
            {% for m in imgcol %}
            <tr>
                {% if m[0] %}
                <td style="text-align:center">
                    <img src= '/static/image/{{ m[0] }}'
                    title="{{ m[0].split('.')[0] }}"
                    width="160" height="200" /></td>
                {% endif %}
                {% if m[1] %}
```

```html
            <td style="text-align:center">
                <img src= '/static/image/{{ m[1] }}'
                title="{{ m[1].split('.')[0] }}"
                width="160" height="200" /></td>
        {% endif %}
        {% if m[2] %}
        <td style="text-align:center">
                <img src= '/static/image/{{ m[2] }}'
                title="{{ m[2].split('.')[0] }}"
                width="160" height="200" /></td>
        {% endif %}
        {% if m[3] %}
        <td style="text-align:center">
                <img src= '/static/image/{{ m[3] }}'
                title="{{ m[3].split('.')[0] }}"
                width="160" height="200" /></td>
        {% endif %}
        {% if m[4] %}
         <td style="text-align:center">
                <img src= '/static/image/{{ m[4] }}'
                title="{{ m[4].split('.')[0] }}"
                width="160" height="200" /></td>
        {% endif %}
        </tr>
        {% endfor%}
    {% endif %}
    </table>
  </div>
  {% if users %}
  <div class="page-footer text-center">
      {{ render_pagination(pagination) }}</div>
  {% endif %}
</div>
{% endblock %}
```

以上代码的主要说明如下。

首先用 {% extends 'admin/master.html' %} 继承 admin/master.html 模板，从 bootstrap/pagination.html 导入 render_pagination 用于分页显示，在 page-header 设置页面标题。

然后在表格内，进入 imgcol 循环，逐一获取用户照片并显示在表格中。

最后实现分页显示。

6.8.3 运行结果

打开统信 UOS 终端，进入 www 文件夹，执行 python3 app.py 启动 Flask 自带的服务器（如果服务器已经启动,则跳过此步骤)。

```
$ cd www
$ python3 app.py
```

打开浏览器,在地址栏输入 127.0.0.1:5000/admin 并按 Enter 键,打开管理员登录页面,输入管理员邮箱和密码,选择"登录 Flask-Admin 后台"复选框,单击"管理员登录"按钮,打开 Flask-Admin 后台主页。单击"用户图相册"子菜单项,打开用户图相册页面,如图 6-7 所示。

图 6-7 Flask-Admin 用户图相册页面

6.9 本章小结

本章我们主要学习了 Flask-Admin 的使用方法。我们实现了 Flask-Admin 登录、后台主页、用户表管理、系统初始化、管理员页面、密码初始化和用户图相册等功能。对比第 4 章和本章相关内容的不同与相同之处,读者可以进一步理解 Flask-Admin 的工作机制。

第 7 章

搭建服务器

在生产环境中，Flask 自带的服务器无法满足性能要求，我们采用 Tornado 和 Gunicorn 作为 WSGI 容器来部署简历平台。

7.1 Tornado

Tornado 是使用 Python 开发的全栈式 Web 框架和异步网络库。Tornado 支持任何合法的 HTTP 请求（GET、POST、PUT、DELETE、HEAD、OPTIONS 等）。用户可以非常容易地定义上述任意一种方法的行为，只需要在 RequestHandler 类中使用同名的方法。

7.1.1 安装

在统信 UOS 终端，执行以下命令安装 Tornado，看到 Successfully installed 字样就表示安装成功：

```
$ python3 -m pip install tornado
...
Successfully installed tornado-6.2
```

7.1.2 配置

在 www 下，用 Sublime Text 创建名为 tornado_server.py 的文件，输入以下代码：

```
from tornado.wsgi import WSGIContainer
from tornado.httpserver import HTTPServer
from tornado.ioloop import IOLoop
from app import app
http_server = HTTPServer(WSGIContainer(app))
http_server.listen(8000)
IOLoop.instance().start()
```

以上代码的主要说明如下。

首先分别从 tornado.wsgi 导入 WSGIContainer，从 tornado.httpserver 导入 HTTPServer，从 tornado.ioloop 导入 IOLoop，从 app 导入 app；然后调用 HTTPServer 创建 HTTP 服务器，服务器端口设置为 8000；最后调用 IOLoop.instance().start 启动 Tornado 服务器。

删除或注释 app.py 文件最后一行代码（这个非常重要），即：

```
//if __name__ == "__main__": app.run(debug = True)
```

7.1.3 启动

在统信 UOS 终端，进入 www 文件夹，执行 python3 tornado_server.py 命令：

```
$ cd www
$ python3 tornado_server.py
```

如果没有显示任何提示信息，表明 Tornado 服务器启动成功。用手机或另一台计算机（与服务器处于同一个 Wi-Fi）打开浏览器，在地址栏输入 192.168.0.6:8000（Tornado 服务器的 IP 地址）并按 Enter 键，显示用户登录页面则表明 Tornado 服务器配置成功，如图 7-1（a）所示。在用户登录页面，输入邮箱、密码和验证码，单击"登录"按钮，进入用户主页，如图 7-1（b）所示。

（a）用户登录页面　　　　　　　　（b）用户主页

图 7-1　手机端用户登录页面和用户主页

7.2 Gunicorn

Gunicorn 是一个 UNIX 下的 WSGI 的 HTTP 服务器。这是一个 pre-fork worker 模型，从 Ruby 的 Unicorn 项目移植而来。Gunicorn 服务器与各种 Web 框架兼容性较好，执行简单。Gunicorn 服务器对资源要求不高，响应相当迅速。

7.2.1 安装

在统信 UOS 终端，执行以下命令安装 Gunicorn，看到 Successfully installed 字样就表示安装成功：

```
$ python3 -m pip install gunicorn
...
Successfully installed gunicorn-20.1.0
```

7.2.2 配置

在 www 下，用 Sublime Text 创建名为 config.py 的文件，输入以下代码：

```
debug = True
bind = "0.0.0.0:8000"
workers = 2
threads = 2
timeout = 600
loglevel = 'debug'
pidfile = "log/gunicorn.pid"
accesslog = "log/access.log"
errorlog = "log/debug.log"
```

以上代码的主要说明如下。

首先用 debug 开启调试模式（在生产系统中把 debug 设置成 False），用 bind 绑定访问地址（端口设置为 8000），用 workers 设置进程数，用 threads 设置线程数，用 timeout 设置超时时间，用 loglevel 设置输出日志级别；然后设置 pidfile、accesslog、errorlog 的存放路径。

启动统信 UOS 文件管理器，在 www 下创建 log 文件夹。

7.2.3 启动

在统信 UOS 终端，进入 www 文件夹，执行 gunicorn -c config.py app:app 命令：

```
$ cd www
$ gunicorn -c config.py app:app
```

如果没有显示任何提示信息,表明 Gunicorn 服务器启动成功。如果显示以下错误提示信息:

```
bash: gunicorn: 未找到命令
```

则在统信 UOS 终端执行以下命令,搜索 Gunicorn 安装位置:

```
$ find / -name gunicorn
```

将在统信 UOS 终端显示很长的搜索结果,其中我们会看到以下搜索结果:

```
...
find: '/data/sec_storage_data': 权限不够
/data/home/muhtar/.local/bin/gunicorn
/data/home/muhtar/.local/lib/python3.7/site-packages/gunicorn
/data/home/muhtar/.local/lib/python3.7/site-packages/geventwebsocket/gunicorn
find: '/opt/containerd': 权限不够
...
```

在统信 UOS 终端,通过全路径执行以下命令(也可以将 Gunicorn 所在的路径添加到 PATH 环境变量里,这样不必通过全路径执行命令),再启动 Gunicorn:

```
$ /data/home/muhtar/.local/bin/gunicorn -c config.py app:app
```

执行以上命令后,如果没有显示任何提示信息,表明 Gunicorn 服务器启动成功。打开浏览器,在地址栏输入 192.168.0.6:8000 并按 Enter 键,显示用户登录页面则表明 Gunicorn 服务器配置成功,运行结果如图 7-1(a)所示。

启动统信 UOS 文件管理器,进入 www/log 文件夹,我们会看到里面已经有 pidfile、accesslog、errorlog 这 3 个文件。

在统信 UOS 终端执行以下命令,也可以启动 Gunicorn:

```
$ export PATH=$PATH:/data/home/muhtar/.local/bin
$ gunicorn -c config.py app:app
```

以上命令,首先用 export PATH 设置路径,然后直接执行 gunicorn(不是全路径),但是关闭终端后该路径失效。

因为每次通过全路径启动 Gunicorn 比较麻烦,所以在统信 UOS 终端执行以下命令,修改 /etc/profile 添加 Gunicorn 安装路径:

```
$ sudo vi /etc/profile
请验证指纹或输入密码
[sudo] muhtar 的密码:
验证成功
```

以上命令，以超级用户（sudo）的身份执行 sudo vi /etc/profile 命令后，按要求输入 root 密码后按 Enter 键，就在终端用 vi 编辑器打开了 profile 文件。在 vi 编辑器，按 i 键进入插入模式，向 profile 文件的最后一行添加以下代码，如图 7-2 所示。

```
export PATH=$PATH:/data/home/muhtar/.local/bin
```

图 7-2　设置路径

添加完 export PATH 路径代码后，在 vi 编辑器中按 Esc 键退出插入模式，之后按冒号键（:），紧接着输入 wq 并按 Enter 键就可以保存修改内容后退出 vi 编辑器回到统信 UOS 终端。这种方法需要注销系统才能生效，所以我们单击"启动器"菜单，选择"关机"按钮，然后单击"注销"按钮，注销系统。重新启动系统后，在统信 UOS 终端执行以下命令启动 Gunicorn 服务器：

```
$ cd www
$ gunicorn -c config.py app:app
```

如果不显示任何提示信息，表明 Gunicorn 服务器启动成功。以后要启动 Gunicorn 服务器，我们不用输入全路径，直接执行 gunicorn 即可启动。

打开浏览器，在地址栏输入 192.168.0.6:8000 并按 Enter 键，显示图 7-1（a）所示的简历平台登录页面，表明 Gunicorn 服务器配置成功。

如果显示以下错误提示信息，表明上次服务器没有正常退出（按 Ctrl+C 组合键来退出）。在统信 UOS 终端执行 kill 24260（24260 是错误提示信息中的 PID），然后执行 gunicorn -c config.py app:app 即可启动 Gunicorn 服务器：

```
Error: Already running on PID 24260 (or pid file 'log/gunicorn.pid' is stale)
$ kill 24260
$ gunicorn -c config.py app:app
```

7.3 本章小结

本章分别介绍了 Tornado 服务器和 Gunicorn 服务器的优缺点、安装、配置和启动。我们发现，Gunicorn 服务器的访问速度明显高于 Tornado 服务器的访问速度。读者在生产系统中可根据自己的需求选用某一个服务器并配置使用。

第 8 章

模块化编程

前面几章介绍的"简历平台"主程序是用单文件编程方式编写的,即表单、视图和配置等所有 Python 代码均写在一个 app.py 文件里。单文件编程方式编写的程序结构简单、流程清晰,这一方式便于初学者学习,适合一个人完成全部代码的中小型系统开发。但是对多人合作开发的大型系统而言,单文件编程方式有点不合适。在这一章,作为示例,我们用多文件编程(模块化编程)方式来实现"简历平台"的用户功能模块部分,读者可以参照该示例自行完成其他功能模块部分的开发。

8.1 创建数据库过程

启动统信 UOS 文件管理器,在主目录下创建 www2 文件夹,这是为了避免与单文件编程方式编写的"简历平台"混淆。

8.1.1 创建构造函数

在 www2 文件夹下,创建 appdir 文件夹;用 Sublime Text,在 appdir 文件夹下创建 __init__.py 文件(<两个下画线>init<两个下画线>.py),用作模块(相当于构造函数):

```
from flask import Flask
app = Flask(__name__)
import os
from flask_sqlalchemy import SQLAlchemy
basedir = os.path.abspath(app.root_path)
app.config['SQLALCHEMY_DATABASE_URI'] = \
    'sqlite:///' + os.path.join(basedir, 'data.db')
app.config['SQLALCHEMY_TRACK_MODIFICATIONS'] = False
db = SQLAlchemy(app)
```

以上代码的主要说明如下。

首先从 flask 导入 Flask 模块用于创建 Flask 应用，调用 Flask 创建应用实例，导入 os 用于获取 Web 应用所在路径，从 flask_sqlalchemy 导入 SQLAlchemy 用于数据库操作。

然后进行数据库配置。

最后调用 SQLAlchemy 创建 SQLAlchemy 实例 db。

8.1.2 创建数据库模型

用 Sublime Text，在 appdir 文件夹下创建 models.py 文件，输入以下代码：

```
from flask_login import UserMixin
from appdir import db
class User(db.Model, UserMixin):
    ...
```

以上代码的主要说明如下。

首先从 flask_login 导入 UserMixin 用于 User 表继承，从 appdir 导入 db 用于 User 表继承。

然后定义 User 表模型，其继承 db.Model 和 UserMixin；User 表各字段及其数据类型和说明如表 3-1 所示。

8.1.3 创建数据库

用 Sublime Text，在 www2 文件夹下创建 db.py 文件，输入以下代码：

```
from appdir import db
from appdir.models import User
db.create_all()
```

以上代码的主要说明如下。

首先从 appdir（从 appdir 文件夹下的 __init__.py 文件）导入 db 数据库模型，从 appdir.models（从 appdir 下的 models.py 文件）导入 User 表模型。

然后在 appdir 文件夹下创建名为 data.db 的数据库文件。

8.1.4 运行结果

在统信 UOS 终端，进入 www2，执行 python3 db.py 命令，创建数据库。

启动统信 UOS 文件管理器，进入 appdir 文件夹，会看到刚才创建的数据库文件 data.db。

8.2 用户注册

8.2.1 表单设计

1. 注册表单 1

用 Sublime Text，在 appdir 文件夹下创建 forms.py 表单文件，输入以下代码，定义注册表单 1：

```
from flask_wtf import FlaskForm
from wtforms import StringField, PasswordField, SubmitField, \
    RadioField, BooleanField, DateField
from wtforms.validators import DataRequired, Length, EqualTo, Email
class RegistForm1(FlaskForm):
    ...
```

以上代码的主要说明如下。

首先从 flask_wtf 导入 FlaskForm 用于创建表单，从 wtforms 分别导入 StringField 用于创建文本输入框、导入 PasswordField 用于创建密码输入框、导入 SubmitField 用于创建提交按钮、导入 RadioField 用于创建单选按钮、导入 BooleanField 用于创建复选框、导入 DateField 用于创建日期选择框，从 wtforms.validators 分别导入 DataRequired 用于设定为必填项、导入 Length 用于验证输入内容长度、导入 EqualTo 用于验证两个输入框输入的内容是否相同、导入 Email 用于验证邮箱地址格式。

然后定义 RegistForm1 表单类，其继承 FlaskForm。RegistForm1 表单类各组件及其属性、值如表 3-2 所示。

2. 注册表单 2

用 Sublime Text 向 forms.py 文件增加以下代码，定义注册表单 2：

```
from wtforms import SelectField, SelectMultipleField, TextAreaField
from flask_wtf.file import FileRequired, FileAllowed, FileField
class RegistForm2(FlaskForm):
    ...
```

以上代码的主要说明如下。

首先从 wtforms 分别导入 SelectField 用于创建下拉列表框、导入 SelectMultipleField 用于创建列表式多选框（按住 Ctrl 键可多选）、导入 TextAreaField 用于创建文本输入区域框（用于输入特长文本），从 flask_wtf.file 分别导入 FileRequired 用于文件必选验证、导入 FileAllowed 用于被允许选择的文件类型、导入 FileField 用于创建文件选择框。

然后定义 RegistForm2 表单类，其继承 FlaskForm。RegistForm2 表单类各组件及其属性、值如表 3-3 所示。

8.2.2 视图设计

1. 注册视图 1

用 Sublime Text，在 appdir 文件夹下创建 views.py 视图文件，输入以下代码，定义注册视图 1：

```python
from flask import render_template, flash, request, redirect, url_for
from werkzeug.security import generate_password_hash #用于产生hash密码
from appdir import app, db
from appdir.models import User
from appdir.forms import RegistForm1
@app.route('/regist1',methods = ['GET','POST'])
def regist1():
    ...
    return render_template("regist.html", form = form)
```

以上代码的主要说明如下。

首先从 flask 分别导入 render_template 用于渲染模板、导入 flash 用于显示提示信息、导入 redirect 用于重定向页面、导入 url_for 用于指向视图 URL 地址、导入 request 用于判断提交按钮是否被单击，从 werkzeug.security 导入 generate_password_hash 用于产生 hash 密码，从 appdir 导入 app 和 db（从 __init__.py 导入），从 appdir.models 导入 User，从 appdir.forms 导入 RegistForm1。

然后设置注册视图函数 URL 路径和 GET、POST 方法（如果没有表单交互数据，不用设置 GET、POST 方法），最后定义注册视图 1，即 regist1。

2. 注册视图 2

用 Sublime Text 向 views.py 文件增加以下代码，定义注册视图 2：

```python
from datetime import datetime
from appdir.forms import RegistForm2
@app.route('/regist2',methods = ['GET','POST'])
def regist2():
    ...
    return render_template("regist.html", form = form)
```

以上代码的主要说明如下。

首先导入 datetime 用于获取当前时间来给用户上传的照片命名，从 appdir.forms 导入 RegistForm2。

然后设置注册视图函数 URL 路径和 GET、POST 方法。

最后定义注册视图 2 regist2。

8.2.3 Bootstrap设置

用 Sublime Text 向 appdir/__init__.py 添加以下配置代码：

```
from flask_bootstrap import Bootstrap
app.config['SECRET_KEY'] = 'fahsdjfahdksjfkjdsjhf'
bootstrap = Bootstrap(app)
from appdir import views
```

以上代码的主要说明如下。

首先从 flask_bootstrap 导入 Bootstrap 用于创建 Bootstrap 对象实例。

然后设置 SECRET_KEY 密钥（Bootstrap 需要设置这个密钥），密钥要设置成非常复杂、难以破解的英文字符串；调用 Bootstrap(app) 创建 bootstrap 实例。

最后从 appdir 导入 views。

8.2.4 创建主程序

用 Sublime Text，在 www2 文件夹下创建 run.py 文件，输入以下代码：

```
from appdir import app
app.run(debug = True)
```

以上代码的主要说明如下。

首先从 appdir 导入 app（从 __init__.py 导入）。

然后以 debug 模式启动 app。

8.2.5 模板设计

启动统信 UOS 文件管理器，在 appdir 文件夹下创建 templates 文件夹（Flask 模板存放目录）。

用 Sublime Text 在 templates 文件夹下创建 base.html 基模板（其代码与第 3 章的 base.html 一样）。

用 Sublime Text 在 templates 文件夹下创建 regist.html 模板（其代码与第 3 章 regist.html 一样）。

启动统信 UOS 文件管理器，在 appdir 文件夹下创建 static 文件夹（Flask 静态文件存放目录）；在 static 文件夹下创建 image 文件夹，用于存放注册用户照片。

8.2.6 运行结果

在统信 UOS 终端，进入 www2 文件夹，执行 python3 run.py，启动 Flask 内置的测试服务器。

```
muhtar@Muhtar-Book:~$ cd www2
muhtar@Muhtar-Book:~/www2$ python3 run.py
 * Serving Flask app 'appdir' (lazy loading)
 * Environment: production
   WARNING: This is a development server. Do not use it in a production deployment.
   Use a production WSGI server instead.
 * Debug mode: on
 * Running on http://127.0.0.1:5000 (Press CTRL+C to quit)
 * Restarting with stat
 * Debugger is active!
 * Debugger PIN: 878-041-482
```

打开浏览器，在地址栏输入 http://127.0.0.1:5000/regist1 并按 Enter 键，即可看到用户注册页面运行结果（运行结果与第 3 章的用户注册页面一样）。

8.3 密码修改

8.3.1 表单设计

用 Sublime Text 向 appdir/forms.py 表单文件增加以下代码，定义密码修改表单类 ChangeForm：

```
class ChangeForm(FlaskForm):
    ...
```

以上代码的主要说明如下。

定义了 ChangeForm 密码修改表单类，其继承 FlaskForm。密码修改表单各组件及其属性、值如表 3-6 所示。

8.3.2 视图设计

用 Sublime Text 向 appdir/views.py 视图文件添加以下代码，定义 change 密码修改视图函数：

```
from appdir.forms import ChangeForm
from werkzeug.security import check_password_hash
@app.route('/change',methods=['GET','POST'])
def change():
    ...
    return render_template("change.html", form = form)
```

以上代码的主要说明如下。

首先从 appdir.forms 导入 ChangeForm，从 werkzeug.security 导入 check_password_hash。

然后设置视图函数 URL 路径和 GET、POST 方法。

最后定义 change 视图函数。

8.3.3 模板设计

用 Sublime Text，在 appdir/templates 下创建 change.html 模板（其代码与第 3 章的密码修改模板一样）。

8.3.4 运行结果

在统信 UOS 终端，进入 www2 文件夹，执行 python3 run.py，启动 Flask 内置的测试服务器（如果已启动，跳到下一步）。

打开浏览器，在地址栏输入 http://127.0.0.1:5000/change 并按 Enter 键，即可看到密码修改页面运行结果（运行结果与第 3 章的密码修改页面一样）。

8.4 用户登录

8.4.1 表单设计

用 Sublime Text 向 appdir/forms.py 表单文件添加以下代码，定义 LoginForm 用户登录表单类：

```
from wtforms.validators import ValidationError
from flask import session
class LoginForm(FlaskForm):
    ...
```

以上代码的主要说明如下。

首先从 wtforms.validators 导入 ValidationError 用于显示验证码输入有误提示信息，从 flask 导入 session 用于视图间的会话。

然后定义 LoginForm 表单类，其继承 FlaskForm。用户登录表单组件及其属性、值如表 3-4 所示。

8.4.2 登录管理器

用 Sublime Text 向 appdir/__init__.py 增加以下代码，对登录管理器进行配置：

```
from flask_login import LoginManager
login_manager = LoginManager()
login_manager.init_app(app)
```

```
login_manager.login_view = 'login'
login_manager.login_message_category = 'info'
login_manager.login_message = u'请先登录！'
```

以上代码的主要说明如下。

从 flask_login 导入 LoginManager 用于登录管理；然后调用 LoginManager 创建登录管理器 login_manager，通过其 init_app(app) 方法对 app 进行初始化、用 login_view 指定登录视图为 login、用 login_message_category 设置提示信息类型为 info、用 login_message 设置提示信息内容为"请先登录！"。

8.4.3 视图设计

用 Sublime Text 向 appdir/views.py 视图文件添加以下代码，定义用户登录视图函数 login：

```
from io import BytesIO
import random
from PIL import Image, ImageFont, ImageDraw, ImageFilter
from flask_login import login_user, current_user
from flask import make_response, session
from appdir import login_manager
from appdir.forms import LoginForm
def get_random_color():
    return random.randint(0, 255), random.randint(0, 255), \
        random.randint(0, 255)
def generate_image(length):
    ...
    return image, code
@app.route('/image')
def get_image():
    ...
    return response
@login_manager.user_loader
def load_user(user_id):
    ...
    return user
@app.route('/',methods=['GET','POST'])
@app.route('/login',methods=['GET','POST'])
def login():
    ...
    return render_template("login.html", form = form)
```

以上代码的主要说明如下。

首先从 io 分别导入 BytesIO 用于内存读写、导入 random 用于产生随机数，从图像处理库

PIL 分别导入 Image 用于创建图片对象、导入 ImageFont 用于设置图片字体、导入 ImageDraw 用于画图、导入 ImageFilter 用于图片滤波（本例用于边缘增强），从 flask_login 分别导入 login_user 用于用户登录、导入 current_user 用于获取当前用户信息，从 flask 分别导入 make_response 用于定义 response 对象、导入 session 用于创建会话，从 appdir 导入 login_manager 用于登录管理，从 appdir.forms 导入 LoginForm 用于创建登录表单。

然后分别定义 get_random_color 函数、generate_image 函数、get_image 函数、load_user 函数（这些函数的功能与第 3 章介绍的同名函数一样）。

最后设置登录视图函数 URL 路径（本视图分别设置了两个 URL 路径 "/" 和 "/login"）和表单交互方法 GET、POST，定义用户登录视图函数 login（其代码与第 3 章的用户登录视图函数 login 一样）。

8.4.4 模板设计

用 Sublime Text，在 appdir/templates 下创建 login.html 模板（其代码与第 3 章的 login.html 模板一样）。

8.4.5 运行结果

在统信 UOS 终端，进入 www2 文件夹，执行 python3 run.py，启动 Flask 内置的测试服务器（如果已启动，则跳到下一步）。

打开浏览器，在地址栏输入 http://127.0.0.1:5000 并按 Enter 键，即可看到用户登录页面（运行结果与第 3 章的用户登录页面一样）。

8.5 用户主页

这是用户功能的核心，根据用户输入的信息，自动生成简历文档，并按设定的格式输出 Word 文档供用户下载、使用。

8.5.1 表单设计

用 Sublime Text 向 appdir/forms.py 文件添加以下代码，定义用户主页表单类 LoginedForm：

```
from wtforms import FloatField
from wtforms.validators import NumberRange
from flask_ckeditor import CKEditorField
from flask_wtf.file import FileAllowed, FileField
class LoginedForm(FlaskForm):
    ...
```

以上代码的主要说明如下。

首先从 wtforms 导入 FloatField 用于创建浮点数输入框，从 wtforms.validators 导入 NumberRange 用于限制成绩输入范围（本例只能输入 0～100 的数字），从 flask_ckeditor 导入 CKEditorField 用于创建 CKEditor 组件，从 flask_wtf.file 分别导入 FileAllowed 用于设置被允许选择的文件类型、导入 FileField 用于创建文件选择框。

然后定义 LoginedForm 用户主页表单类，其继承 FlaskForm。用户主页表单类各组件及其属性、值如表 3-5 所示。

8.5.2　视图设计

1. 用户主页视图

用 Sublime Text 向 appdir/views.py 文件添加以下代码，定义用户主页视图 logined：

```
def addone():
    ...
    return visit
def name_card(docxout, user):
    ...
def course_table(docxout,form):
    ...
def wordcloud(docxout, result):
    ...
from docx import Document
from docx.shared import RGBColor
from docx.enum.text import WD_ALIGN_PARAGRAPH, \
    WD_PARAGRAPH_ALIGNMENT
from docx.enum.dml import MSO_THEME_COLOR_INDEX
from docx.shared import Inches
import json
import jieba
from wordcloud import WordCloud
import matplotlib.pyplot as plt
from pylab import mpl
from flask_login import logout_user, login_required
import html
import re
from appdir.forms import LoginedForm
@app.route('/logined', methods=['GET','POST'])
@login_required
def logined():
```

```
    ...
    return render_template('logined.html', form=form,
        user = user, visit=visit)
```

以上代码的主要说明如下。

首先分别定义 addone 函数、name_card 函数、course_table 函数、wordcloud 函数（以上函数的功能与第 3 章介绍的同名函数一样）。

然后从 docx 导入 Document 用于创建 Word 文档对象，从 docx.shared 导入 RGBColor 用于设置 Word 文档字体颜色，从 docx.enum.text 导入 WD_ALIGN_PARAGRAPH、WD_PARAGRAPH_ALIGNMENT 分别用于设置段落文本和表格内容对齐，从 docx.enum.dml 导入 MSO_THEME_COLOR_INDEX 用于设置字体高亮背景颜色，从 docx.shared 导入 Inches 用于设置图片尺寸（单位为英寸），导入 json 用于处理 .json 文件，导入 jieba 用于分词，从 wordcloud 导入 WordCloud 用于生成词云图，导入 matplotlib.pyplot 并命名为 plt 用于设置词云图背景图片，从 pylab 导入 mpl 用于设置词云图字体，从 flask_login 分别导入 logout_user 用于退出登录、导入 login_required 用于设置登录后方可调用的限制，分别导入 html 和 re 用于消除 CKEditor 内容中的 HTML 标签，从 appdir.forms 导入 LoginedForm 用于创建用户主页。

最后设置主页视图函数 URL 路径和 GET、POST 方法，用 @login_required 设置主页视图函数登录后方可调用的限制，定义用户主页视图函数 logined（其代码与第 3 章的用户主页视图函数 logined 一样）。

2. 退出视图

用 Sublime Text 向 views.py 文件添加以下代码，定义退出视图函数 logout：

```
from flask_login import logout_user
@app.route('/logout')
@login_required
def logout():
    logout_user()
    flash('您已安全退出', 'success')
    return redirect(url_for('login'))
```

以上代码的主要说明如下。

首先从 flask_login 导入 logout_user 用于退出；设置 URL 路径，因为没有与表单交互数据，所以没有设置 GET 和 POST 方法；用 @login_required 设置该函数登录后才能调用的限制。

然后定义 logout 退出视图函数，在 logout 视图函数内，调用 logout_user 完成退出（删除 cookie 和 session 里的用户账号信息）。

最后显示"您已安全退出"提示信息，调用 redirect 转向用户登录视图 login。

8.5.3 模板设计

用 Sublime Text，在 appdir/templates 下创建 logined.html 模板（其代码与第 3 章的 logined.html 模板一样）。

从 CKEditor 官网下载 CKEditor 标准版，将下载的 CKEditor 压缩包解压后，把全部文件复制到 appdir/static/ckeditor 下。

启动统信 UOS 文件管理器，在 appdir/static 下创建 file 文件夹，用于存放用户文件。

把用于词云图背景的图片 sys_Heart.jpg 复制到 appdir/static 下。

8.5.4 运行结果

在统信 UOS 终端，进入 www2 文件夹，执行 python3 run.py，启动 Flask 内置的测试服务器（如果已启动，跳到下一步）。

打开浏览器，在地址栏输入 http://127.0.0.1:5000/regist1 并按 Enter 键，进入用户注册页面，注册一个用户。用 DB Browser for SQLite 打开 appdir/data.db 数据库文件，把刚才注册的用户的 verify 字段值改为 1，保存并退出 DB Browser for SQLite。

打开浏览器，在地址栏输入 http://127.0.0.1:5000 并按 Enter 键，打开用户登录页面，用刚才注册的用户的邮箱和密码登录用户主页（运行结果与第 3 章的用户主页一样）。

8.6 Tornado

8.6.1 配置

用 Sublime Text，在 www2 文件夹下创建名为 tornado_server.py 的文件，输入以下代码：

```
from tornado.wsgi import WSGIContainer
from tornado.httpserver import HTTPServer
from tornado.ioloop import IOLoop
from appdir import app
http_server = HTTPServer(WSGIContainer(app))
http_server.listen(8000)
IOLoop.instance().start()
```

以上代码的主要说明如下。

上述代码与第 7 章的 Tornado 服务器配置不一样的是 from appdir import app，即这里从 appdir 导入 app。

8.6.2 启动

在统信 UOS 终端，进入 www2 文件夹，执行 python3 tornado_server.py 命令：

```
$ cd www2
$ python3 tornado_server.py
```

用手机（与服务器处于同一个 Wi-Fi）打开浏览器，在地址栏输入 192.168.0.6:8000（Tornado 服务器的 IP 地址）并按 Enter 键，显示用户登录页面则表明 Tornado 服务器配置成功，运行结果如图 7-1（a）所示。

8.7 Gunicorn

8.7.1 配置

用 Sublime Text，在 www2 文件夹下创建 config.py 文件，输入以下代码：

```
debug = True
bind = "0.0.0.0:8000"
workers = 2
threads = 2
timeout = 600
loglevel = 'debug'
pidfile = "log/gunicorn.pid"
accesslog = "log/access.log"
errorlog = "log/debug.log"
```

以上代码的主要说明如下。
上述代码与第 7 章的 Gunicorn 配置文件 config.py 的代码一样。
启动统信 UOS 文件管理器，在 www2 文件夹下创建 log 文件夹。

8.7.2 启动

在统信 UOS 终端，进入 www2 文件夹，执行 gunicorn -c config.py appdir:app 命令（因为在第 7 章我们已经配置好了 Gunicorn 的路径，所以这里不用输入全路径启动）：

```
$ cd www2
$ gunicorn -c config.py appdir:app
```

以上代码的主要说明如下。

我们注意到，与第 7 章 Gunicorn 服务器的启动不一样的是，这里用 appdir:app 而不是 app:app。

执行以上命令后，如果没有显示任何提示信息，表明 Gunicorn 服务器启动成功。打开浏览器，在地址栏输入 192.168.0.6:8000 并按 Enter 键，显示用户登录页面则表明 Gunicorn 服务器配置成功，运行结果如图 7-1（a）所示。

启动统信 UOS 文件管理器，进入 www2/log，我们会看到里面已经有 pidfile、accesslog、errorlog 这 3 个文件。

8.8 本章小结

本章用模块化程序设计方法介绍了第 3 章用户功能的实现，这里没有详细讲解代码实现，而重点介绍模块化程序设计的目录结构和文件结构。以下是模块化编程项目的主要目录结构：

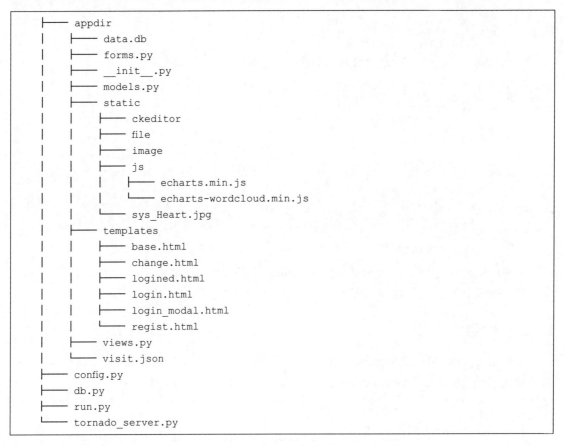

从以上目录结构我们可以看到，在 www2 根目录下有 config.py、db.py、run.py、tornado_server.py 这 4 个文件。在 www2/appdir 下有 data.db、forms.py、__init__.py、models.py、views.py 和 visit.json 文件。static 和 templates 文件夹在 www2/appdir 下，这两个文件夹下的文件与第 3 章的 static、templates 文件夹下的文件一样。

附录 A

模拟数据生成

数据分析与可视化模块需要一定数量的用户数据。为了获得更好的数据分析与可视化效果，我们编写了批量生成用户模拟数据的代码。

A.1 准备工作

打开统信 UOS 文件管理器，在 www 文件夹下创建 test 文件夹。将 wisdom.txt（特长）、man.png（男性照片）、woman.png（女性照片）文件复制到 test 下，如图 A-1 所示。

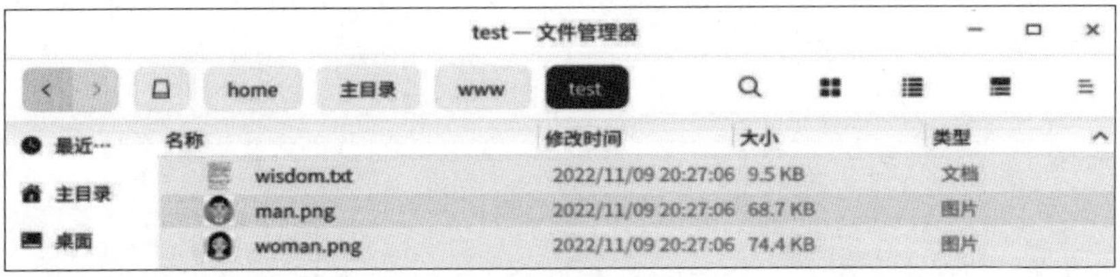

图 A-1 test 文件夹

wisdom.txt 是存放用户特长的文本文件，存储格式为一个特长占一行，共有 100 个特长（我们用名言来模拟用户特长）。wisdom.txt 文件内容如图 A-2 所示。

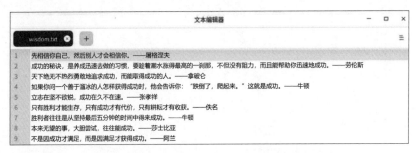

图 A-2 wisdom.txt 文件内容

A.2 视图设计

用 Sublime Text 向 app.py 添加以下代码,定义生成模拟用户信息的 test 视图:

```python
import numpy as np
from dateutil import parser
from shutil import copyfile
@app.route('/test')
def test():
    #用于产生姓氏
    first_name = ["赵","钱","孙",...,"花","方"]
    #用于产生名字
    second_name = ["静","霞","雪",...,"兵","硕"]
    #生成密码,hash加密
    password = generate_password_hash('123456')
    #用于生成特长
    with open("test/wisdom.txt") as file: wisdom = file.readlines()
    #进入0~99个循环
    for iii in range(1,100):
        n9 = np.random.randint(0,9,size=9) #随机生成0~9组成的9位数字
        n9str =''.join([str(n) for n in n9]) #转化成字符串
        email = f'13{n9str}@163.com'
        #随机生成姓名
        name = random.choice(first_name) + random.choice(second_name)
        #生成目标照片文件名
        now = datetime.now() #当前时间
        strnow = now.strftime("%Y%m%d%H%M%s") + str(iii)
        image = strnow + '.png'
        rand = random.randint(1, 2) #随机生成1和2
        if rand == 1: #男性
            gender = True
            copyfile('test/man.png', 'static/image/' + image)
        else: #女性
            gender = False
            copyfile('test/woman.png', 'static/image/' + image)
        #随机生成1~4的整数(含1和4)
        education = random.randint(1, 4)
        #随机生成年龄
        if education == 1: age = random.randint(15, 30)
        elif education == 2: age = random.randint(18, 40)
        elif education == 3: age = random.randint(22, 50)
        else: age = random.randint(25, 60)
        #生成出生日期
        y = datetime.now().year - age
```

```
        m = random.randint(1, 12)
        d = random.randint(1, 28)
        birthday = parser.parse(f'{str(y)}-{str(m).zfill(2)}- \
            {str(d).zfill(2)}')
        #随机产生包含1～4的4位数字
        n4 = np.random.randint(1,5,size=4)
        hobby = ''
        #转换成字符串后删掉重复的数字
        for i in str(n4):
            if i not in hobby and i in '1234': hobby += i
        skill = wisdom[iii]
        #用户注册信息写入User表
        user=User(email=email,isadmin=False,verify=None,
            password=password,name=name,gender=gender,
            birthday=birthday,education=education,image=image,
            hobby=hobby,skill=skill)
        db.session.add(user)
        db.session.commit()
    return '<h1>数据生成完毕！</h1>'
```

以上代码的主要说明如下。

首先导入 numpy 用于生成随机数字，从 dateutil 导入 parser 用于将字符串转换成日期类型，从 shutil 导入 copyfile 用于复制文件；设置模拟数据生成视图函数 URL 路径。

然后定义模拟数据生成视图 test，在 test 内，定义姓氏列表和名字列表 first_name、second_name，调用 generate_password_hash 生成 hash 密码；从 test/wisdom.txt 文本文件读取用户特长并赋值给 wisdom 列表；进入 0～99 个循环（生成 100 个用户模拟数据），在循环内随机生成由 0～9 组成的 9 位数字并赋值给 n9，将 n9 转化成字符串生成用户邮箱地址 f'13{n9str}@163.com'。用 random.choice 随机生成用户姓名并赋值给 name。获取当前时间，将其转换成字符串后加循环下标 iii 的当前值，生成目标照片文件名。随机生成 1 或 2：

- 如果随机生成的数字是 1，则将 gender 设置为 True，把 test 文件夹下的男性照片复制到 static/image 下。
- 如果随机生成的数字是 2，则将 gender 设置为 False，把 test 文件夹下的女性照片复制到 static/image 下。

随机生成 1～4 的 1 位整数（含 1 和 4），将其赋值给 education（文化程度）；根据 education 的值，生成用户年龄；根据年龄和当前年份推算出用户出生年份，随机生成出生月、日，调用 parser.parse 将出生日期字符串转换成日期类型，赋值给 birthday。

随机生成包含 1～4 的 4 位整数并赋值给 n4，将 n4 转换成字符串后删掉重复的数字并赋值给 hobby（hobby 包含 1～4 的任意组合，但 1～4 中的任何数字不能重复）。

从 wisdom 列表中读取下标等于循环下标 iii 对应的值并赋给 skill。

最后将这些用户信息写入后台数据库 User 表，显示"数据生成完毕！"提示信息。

Pythonic 代码揭秘

```
wisdom = [line for line in open("test/wisdom.txt")]
```
```
with open("test/wisdom.txt") as file:
    wisdom = file.readlines()
```

Pythonic 代码揭秘

```
if education == 1: age = random.randint(15, 30)
elif education == 2: age = random.randint(18, 40)
elif education == 3: age = random.randint(22, 50)
else: age = random.randint(25, 60)
```

```
if education == 1:
    age = random.randint(15, 30)
elif education == 2:
    age = random.randint(18, 40)
elif education == 3:
    age = random.randint(22, 50)
else:
    age = random.randint(25, 60)
```

Pythonic 代码揭秘

```
for i in str(n4):
    if i not in hobby and i in '1234': hobby += i
```
```
for i in str(n4):
    if i not in hobby and i in '1234':
        hobby += i
```

A.3 运行结果

打开统信 UOS 终端，进入 www 文件夹，执行 python3 app.py 启动 Flask 自带的服务器（如果服务器已经启动，则跳过此步骤）。

```
$ cd www
$ python3 app.py
```

打开浏览器，在地址栏输入 127.0.0.1:5000/test 并按 Enter 键，执行模拟数据生成视图函数，执行完成后，在浏览器显示"数据生成完毕！"，如图 A-3 所示。启动 DB Browser for SQLite 打开 data.db 数据库文件，可以看到刚生成的 100 个用户模拟数据。

图 A-3　模拟数据生成

附录 B

在Windows上安装/配置/连接MySQL

以 Linux 作为操作系统，Apache 或 Nginx 作为 Web 服务器，MySQL 作为数据库，Python 作为服务器端脚本解释器，由于这 4 个软件都是免费或开源软件，因此使用它们不用花一分钱（除开人工成本）就可以建立起一个稳定、免费的网站系统，该系统被业界称为"LAMP"或"LNMP"组合。

在 Web 应用方面，MySQL 是很好的关系数据库管理系统（RDBMS）应用软件之一。由于其体积小、速度快、总体成本低，而且开源，因此一般中小型网站或大型网站的开发都选择 MySQL 作为网站数据库。

本附录介绍如何在 Windows 上安装和配置 MySQL 数据库服务器，其配置为：联想 T410s 笔记本计算机，处理器为 Intel(R) Core(TM) i5 560M @2.67GHz，内存为 3.00GB（2.86GB 可用）。操作系统为：Windows 7 旗舰版 Service Pack 1，64 位操作系统。为了区分安装统信 UOS 的华为擎云 L410 笔记本计算机和安装 Windows 7 操作系统的联想 T410s 笔记本计算机，我们把前者称为 Flask 服务器，后者称为 MySQL 服务器（IP 地址为 192.168.1.14）。

B.1 安装和配置MySQL

B.1.1 下载

在 MySQL 服务器（安装 Windows 7 操作系统的联想 T410s 笔记本计算机），登录 MySQL 官网，依次进入"DOWNLOADS → MySQL Community(GPL) Downloads → MySQL Community Server → Archives"，在 MySQL Product Archives 页面中，从"Product Version"下拉列表中选择"5.6.12"、从"Operating System"下拉列表中选择"Microsoft Windows"、从"OS Version"下拉列表中选择"All"，然后单击"Windows(x86,64-bit), ZIP Archive"中的"Download"按钮开始下载，如图 B-1 所示。

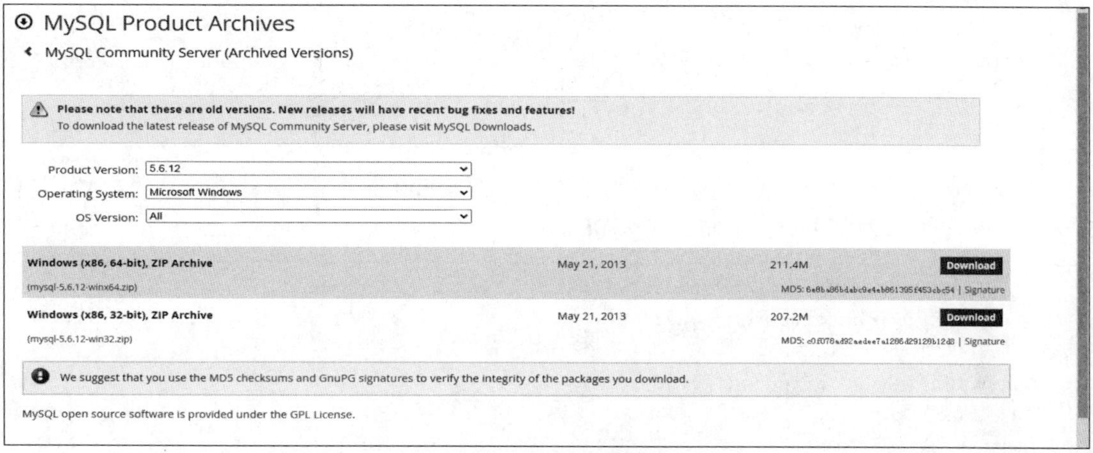

图 B-1　下载 MySQL

B.1.2　安装

将下载的 mysql-5.6.12-winx64.zip 压缩包解压到 C 盘的 mysql-5.6.12-winx64 文件夹下。

以管理员身份启动 Windows 命令提示符窗口，进入 C:\mysql-5.6.12-winx64\bin，执行 mysqld.exe--install 命令进行安装（注意是 mysqld.exe），若显示"Service successfully installed."提示信息，则表明 MySQL 数据库安装成功。

```
> cd c:\mysql-5.6.12-winx64\bin
> mysqld.exe --install
Service successfully installed.
```

在 Windows 命令行界面，执行 net start mysql 启动 MySQL 服务器，若显示"MySQL 服务已经启动成功。"提示信息，则表明 MySQL 服务器启动成功。

```
>net start mysql
MySQL服务正在启动..
MySQL服务已经启动成功。
```

B.1.3　配置

以管理员身份启动 Windows 命令行界面，进入 C:\mysql-5.6.12-winx64\bin，执行 mysql -u root -p，输入密码（密码为空，直接按 Enter 键），登录 MySQL。

```
> cd c:\mysql-5.6.12-winx64\bin
> mysql -u root -p
Enter password:
...
mysql>
```

然后依次执行 set password = password('123456');、flush privileges; 和 exit 命令，将 MySQL 数据库的 root 密码改为 123456，并退出 MySQL。

```
mysql>set password = password('123456');
Query OK. 0 rows affected <0.02 sec>
mysql>flush privileges;
Query OK. 0 rows affected <0.00 sec>
mysql>exit
Bye
```

在 Windows 命令行界面，进入 C:\mysql-5.6.12-winx64\bin，执行 mysql -u root -p，输入密码（密码为刚设置的 123456），登录 MySQL；然后依次执行 grant all privileges on *.* to 'root'@'%' identified by '123456'; 和 flush privileges; 命令允许远程连接。

```
> cd c:\mysql-5.6.12-winx64\bin
> mysql -u root -p
Enter password: ******
...
mysql> grant all privileges on *.* to 'root'@'%' identified by '123456';
Query OK. 0 rows affected <0.00 sec>
mysql> flush privileges;
Query OK. 0 rows affected <0.00 sec>
```

依次单击"开始→控制面板→系统和安全→ Windows 防火墙→高级设置"打开"高级安全 Windows 防火墙"窗口，如图 B-2 所示。

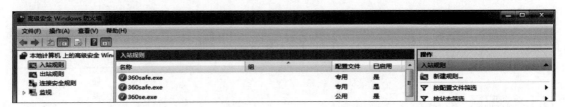

图 B-2 "高级安全 Windows 防火墙"窗口

在图 B-2 所示的"高级安全 Windows 防火墙"窗口，依次单击"入站规则→新建规则"，打开"新建入站规则向导"对话框，在"规则类型"界面选择"端口"，单击"下一步"，在"协议和端口"界面选择"TCP"，在"特定本地端口"中输入 3306，单击"下一步"，如图 B-3 所示。

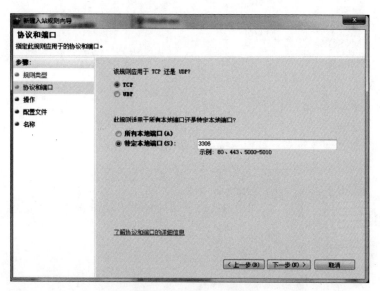

图 B-3　打开 3306 端口

继续单击"下一步",单击"允许连接",选择默认选项,名称描述任意设置,单击"完成"即可开启 3306 端口。

B.1.4　创建数据库

以管理员身份启动 Windows 命令提示符窗口,进入 C:\mysql-5.6.12-winx64\bin(如果已进入该目录,则忽略此步骤),执行 mysql -u root -p,输入密码(密码为 123456),登录 MySQL;执行 create database mydata charset=utf8; 命令创建名为 mydata 的数据库;然后执行 show databases; 命令查看创建结果。我们会看到刚创建的 mydata 数据库已在数据库列表中。

```
> cd c:\mysql-5.6.12-winx64\bin
> mysql -u root -p
Enter password: ******
...
mysql> create database mydata charset=utf8;
Query OK. 0 rows affected <0.00 sec>
mysql> show databases;
...
```

B.1.5　创建User表

我们用 Navicat for MySQL 来创建 User 表(Navicat for MySQL 的安装过程省略)。启动 Navicat for MySQL,依次单击"文件→新建连接→ MySQL",在显示的"新建连接 (MySQL)"

对话框进行以下设置。

- 连接名：MySQL。
- 主机：localhost。
- 端口：3306。
- 用户名：root。
- 密码：123456。

勾选"保存密码"复选框后，单击"确定"按钮，如图 B-4 所示。

图 B-4　连接 MySQL

在显示的"Navicat for MySQL"窗口的 MySQL 连接下，我们会看到 mydata 数据库。在 mydata 数据库的表子项上右击，在弹出的快捷菜单中选择"新建表"，如图 B-5 所示。

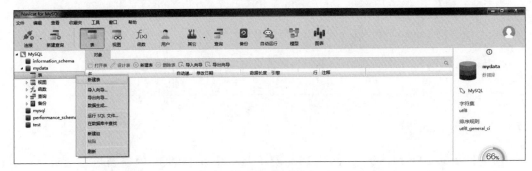

图 B-5　新建表

在显示的"* 无标题 @mydata(MySQL)- 表"窗口，单击"添加字段"按钮分别设置表字段名、类型、长度、不是 null、键等内容。全部字段设置完后，单击"保存"按钮，在显示的"另存为"对话框中输入 user，单击"保存"按钮即可完成 user 表的创建，如图 B-6 所示。

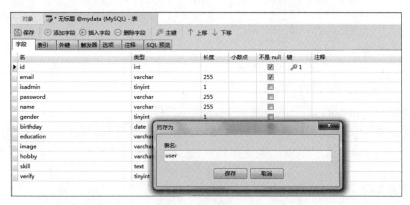

图 B-6　创建 user 表

B.2　Web应用连接MySQL

B.2.1　安装PyMySQL

PyMySQL 是在 Python 3 中用于连接 MySQL 服务器的一个库。

在 Flask 服务器（安装统信 UOS 的华为擎云 L410 笔记本计算机），启动统信 UOS 终端，执行以下命令安装 PyMySQL，看到 Successfully installed 字样就表示安装成功：

```
$ python3 -m pip install pymysql
...
Successfully installed pymysql-1.0.2
```

B.2.2　连接MySQL

在 Flask 服务器中用 Sublime Text 修改 app.py 中的数据库连接代码：

```
...
# basedir = os.path.abspath(app.root_path)
# app.config['SQLALCHEMY_DATABASE_URI'] = \
#     'sqlite:///' + os.path.join(basedir, 'data.db')
```

```
import pymysql
app.config['SQLALCHEMY_DATABASE_URI'] = \
    'mysql+pymysql://root:123456 \
    @192.168.1.14:3306/mydata?charset=utf8'
...
```

以上代码的主要说明如下。

首先从 app.py 中找到连接 SQLite 数据库的代码，将原来设置的 basedir 和 SQLALCHEMY_DATABASE_URI 代码删掉（或注释掉）。

然后添加导入 pymysql 的代码用于连接 MySQL 数据库。

最后添加连接 MySQL 数据库的代码，其中 MySQL 数据库 root 密码为 123456，MySQL 服务器 IP 地址为 192.168.1.14，MySQL 数据库端口为 3306，数据库名为 mydata。

B.2.3　运行结果

在 Flask 服务器中，打开统信 UOS 终端，进入 www 文件夹，执行 python3 app.py 启动 Flask 自带的服务器（如果服务器已经启动，跳过此步骤）。

```
$ cd www
$ python3 app.py
```

打开浏览器，在地址栏输入 127.0.0.1:5000/test 并按 Enter 键，生成用户模拟数据（详情参见附录 A），若显示图 A-3 所示的"数据生成完毕！"页面，表明数据库连接成功。

在 MySQL 服务器中，打开 Navicat for MySQL，可以看到刚才生成的用户信息，如图 B-7 所示。

在 Flask 服务器中，打开浏览器，在地址栏输入 127.0.0.1:5000/admin 并按 Enter 键，打开管理员登录页面，在邮箱输入框输入 super@super.com，在密码输入框输入 123456，单击"管理员登录"按钮，打开超级管理员页面。

在超级管理员页面，从左边的"用户名"栏选择某用户，在右边的"详细信息"栏单击"权限管理"按钮，在显示的下拉菜单中选择"设为管理员"子菜单项，我们会看到在左边的该用户名前显示小图标，表明该用户已被设置为管理员，如图 B-8 所示。记住该用户邮箱地址，单击主菜单上的"退出"子菜单项，转到用户登录页面。

在用户登录页面，输入刚才记住的邮箱地址、密码（模拟生成的用户密码均为 123456）和验证码，单击"登录"按钮，可登录用户主页（因为管理员既可以登录管理页面，也可以登录用户主页）。

附录 B 在 Windows 上安装 / 配置 / 连接 MySQL · 225 ·

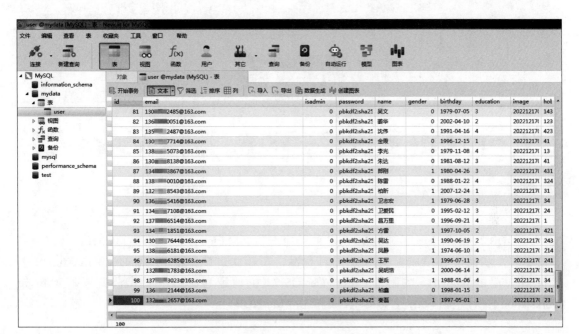

图 B-7 用户模拟数据

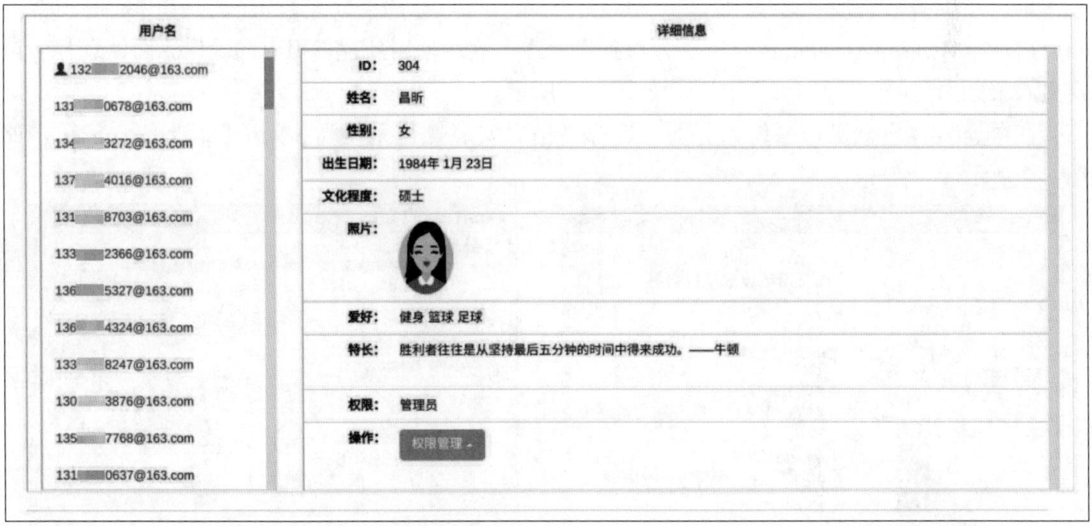

图 B-8 超级管理员页面

附录 C 在 CentOS 上安装 / 配置 / 连接 MariaDB

MariaDB 数据库管理系统是 MySQL 的一个分支。MariaDB 完全兼容 MySQL，包括 API 和命令行，从而能轻松成为 MySQL 的替代品。在存储引擎方面，MariaDB 使用 XtraDB 来代替 MySQL 的 InnoDB。本附录介绍在 CentOS 7（IP 地址为 192.168.1.102，安装在 VMware Workstation 15 上）操作系统上安装、配置和连接 MariaDB。

C.1 安装和配置 CentOS

启动 VMware Workstation 15，新建虚拟机，在"欢迎使用新建虚拟机向导"界面，选择"自定义 (高级)"，单击"下一步"按钮，如图 C-1 所示。

在"安装客户机操作系统"界面，选择"稍后安装操作系统"，单击"下一步"按钮，如图 C-2 所示。

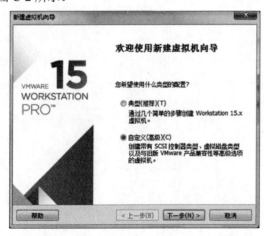

图 C-1 "欢迎使用新建虚拟机向导"界面

图 C-2 "安装客户机操作系统"界面

在"选择客户机操作系统"界面，选择"Linux"，版本选择"CentOS 7 64 位"，单击"下一步"按钮,如图 C-3 所示。

在"处理器配置"界面,处理器数量选择 2,每个处理器的内核数量选择 2(处理器数量和内核数量根据计算机的硬件配置可以灵活设定),单击"下一步"按钮,如图 C-4 所示。

图 C-3 "选择客户机操作系统"界面

图 C-4 "处理器配置"界面

在"网络类型"界面,选择"使用桥接网络"(使用桥接网络的虚拟系统和宿主机的关系,就像连接在同一个 Hub 上的两台计算机),单击"下一步"按钮,如图 C-5 所示。

在"指定磁盘容量"界面,指定最大磁盘大小为 40GB,选择"将虚拟磁盘拆分成多个文件",单击"下一步"按钮,如图 C-6 所示。

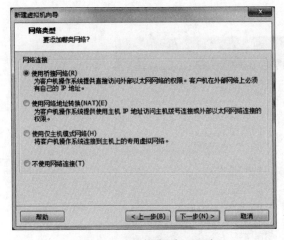

图 C-5 "网络类型"界面

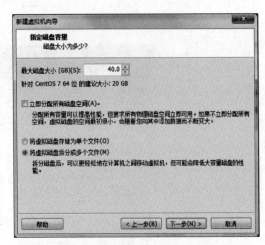

图 C-6 "指定磁盘容量"界面

在"虚拟机设置"对话框,从"硬件"中选择"CD/DVD(IDE)",从"连接"中选择"使用 ISO 映像文件"并单击"浏览"按钮指定已下载好的 ISO 文件,单击"确定"按钮,如图 C-7 所示。

图 C-7 "虚拟机设置"对话框

启动 CentOS 7 64 位虚拟机,开始安装 CentOS。在"安装信息摘要"窗口,单击"软件选择",进入"软件选择"界面中,从"基本环境"中选择"GNOME 桌面";从"已选环境的附加选项"中选择"GNOME 应用程序""传统 X Windows 系统的兼容性""兼容性程序库""开发工具"等,单击"完成"按钮,如图 C-8 所示。

图 C-8 "软件选择"界面

在"配置"窗口,单击"ROOT 密码",设置 Root 密码,单击"完成"按钮,如图 C-9 所示。回到"配置"窗口,单击"重启"按钮,如图 C-10 所示。

图 C-9　设置 Root 密码

图 C-10　"配置"窗口

启动 CentOS 之后,依次进入"设置→网络→有线",在"有线"对话框中选择"自动连接"复选框,单击"应用"按钮,如图 C-11 所示。

图 C-11　有线网络设置

C.2　安装和配置MariaDB

C.2.1　安装

在 CentOS 中启动终端,执行 sudo yum install mariadb-server 命令安装 MariaDB 服务器。安

装过程中,要求输入操作系统 root 用户密码,两次询问是否继续,回答均为 y。

```
[muhtar@localhost ~]$ sudo yum install mariadb-server
我们信任您已经从系统管理员那里了解了日常注意事项。
总结起来无外乎这三点:

    #1) 尊重别人的隐私。
    #2) 输入前要先考虑(后果和风险)。
    #3) 权力越大,责任越大。

[sudo] muhtar 的密码:
已加载插件:fastestmirror, langpacks
Loading mirror speeds from cached hostfile
 * base: mirrors.huaweicloud.com
 * extras: mirrors.huaweicloud.com
 * updates: mirrors.huaweicloud.com
...
正在解决依赖关系
...
依赖关系解决
...
正在安装:
...
安装  1 软件包 (+8 依赖软件包)

总下载量:21 M
安装大小:110 M
Is this ok [y/d/N]: y
Downloading packages:
...
是否继续?[y/N]: y
...
已安装:
  mariadb-server.x86_64 1:5.5.68-1.el7

作为依赖被安装:
  mariadb.x86_64 1:5.5.68-1.el7
  perl-Compress-Raw-Bzip2.x86_64 0:2.061-3.el7
  perl-Compress-Raw-Zlib.x86_64 1:2.061-4.el7
  perl-DBD-MySQL.x86_64 0:4.023-6.el7
  perl-DBI.x86_64 0:1.627-4.el7
  perl-IO-Compress.noarch 0:2.061-2.el7
  perl-Net-Daemon.noarch 0:0.48-5.el7
  perl-PlRPC.noarch 0:0.2020-14.el7

完毕!
[muhtar@localhost ~]$
```

C.2.2 配置

安装完 MariaDB 服务器后，在 CentOS 终端执行 systemctl start mariadb 来启动 MariaDB 服务器，这时系统要求输入操作系统用户密码，如图 C-12 所示。

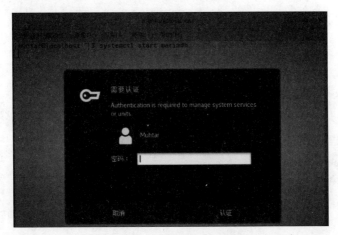

图 C-12　启动 MariaDB 服务器

在图 C-12 所示的"需要认证"对话框，输入操作系统用户密码（安装 CentOS 时设置的密码），单击"认证"按钮。如果系统不显示任何提示信息，则表明 MariaDB 服务器启动成功。然后执行 mysql -u root -p 命令，显示 Enter password 信息，直接按 Enter 键就进入 MariaDB 命令行。执行 set password = password('123456'); 命令，设置数据库 root 用户密码为 123456。执行 flush privileges; 命令让上面的设置生效；执行 grant all privileges on *.* to 'root' @ '%' identified by '123456'; 命令，给 root 用户赋予远程访问权限；执行 flush privileges; 命令，让上面的设置生效；最后执行 \q 命令，退出 MariaDB 命令行，如图 C-13 所示。

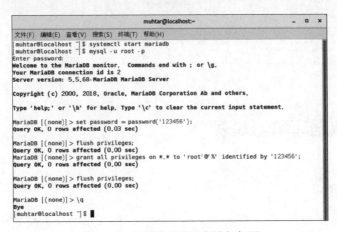

图 C-13　设置密码和远程访问权限

C.2.3 创建数据库

在 CentOS 终端执行 mysql -u root -p 命令，显示 Enter password 信息，输入刚才设置的 root 用户密码 123456，按 Enter 键进入 MariaDB 命令行。执行 create database mydata charset = utf8; 命令，创建名为 mydata 的数据库。执行 show databases; 命令，查看所有数据库，如图 C-14 所示。

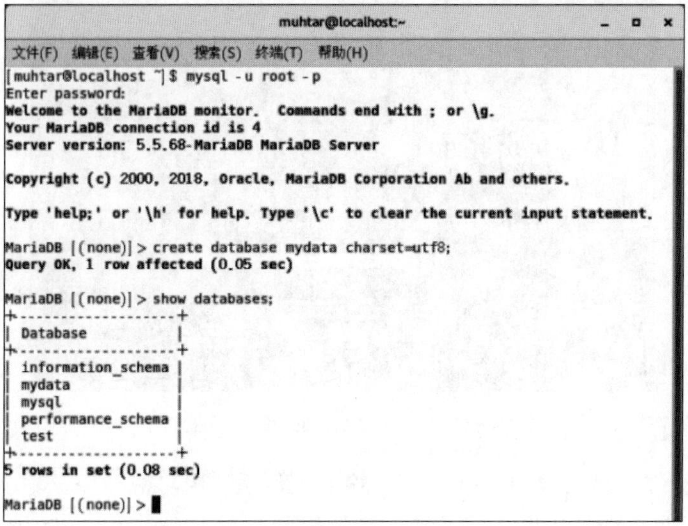

图 C-14　创建数据库

退出 MariaDB 命令行，在终端执行 firewall-cmd --state 命令查看防火墙运行情况。若防火墙在运行状态（running），则在终端执行 systemctl stop firewalld.service 命令（注意是 firewalld），停止防火墙，如图 C-15 所示。

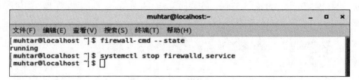

图 C-15　停止防火墙

C.3　连接数据库和创建表

C.3.1　连接 MariaDB

在安装 Navicat for MySQL 的 Windows 7 计算机上，启动 Navicat for MySQL，从"连接"中选择"MariaDB"，如图 C-16 所示。

在显示的"新建连接(MariaDB)"对话框,输入连接名为"MariaDB",主机为"192.168.1.102"(CentOS 虚拟机 IP 地址),端口为"3306",用户名为"root",密码为"123456",单击"确定"按钮,如图 C-17 所示。

图 C-16　连接 MariaDB

图 C-17　"新建连接"(MariaDB) 对话框

C.3.2　创建表

打开 Navicat for MySQL,从左边的导航栏中依次打开"MariaDB → mydata",右击"表",在弹出的快捷菜单中选择"新建表",如图 C-18 所示。

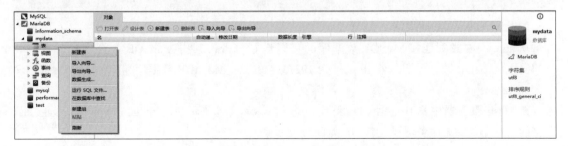

图 C-18　选择"新建表"

多次单击"添加字段"按钮,添加所有字段名称、类型、长度,将 id 字段设置为"不是 null""键""自动递增",将 email 字段设置为"不是 null",单击"保存"按钮,表名设置为

user,如图 C-19 所示。

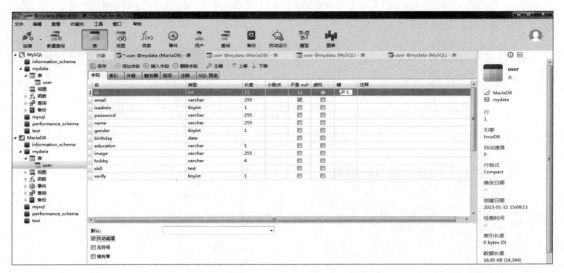

图 C-19　创建的表

C.3.3　运行结果

在 Flask 服务器中,用 Sublime Text 修改 app.py 中的数据库连接代码:

```
...
import pymysql
app.config['SQLALCHEMY_DATABASE_URI'] = \
    'mysql+pymysql://root:123456 \
    @192.168.1.102:3306/mydata?charset=utf8'
...
```

以上代码的主要说明如下。

从 app.py 中找到连接 MySQL 数据库的代码进行修改,其中 MariaDB 数据库 root 密码为 123456,MariaDB 数据库服务器 IP 地址为 192.168.1.102,MariaDB 数据库端口为 3306,数据库名为 mydata。

在 Flask 服务器中打开统信 UOS 终端,进入 www 文件夹,执行 python3 app.py 启动 Flask 自带的服务器(如果服务器已经启动,则跳过此步骤)。

```
$ cd www
$ python3 app.py
```

打开浏览器,在地址栏输入 127.0.0.1:5000/test 并按 Enter 键生成用户模拟数据(详情参见附录 A），若显示图 A-3 所示的"数据生成完毕！"页面，表明数据库连接成功。

在 MySQL 服务器中打开 Navicat for MySQL，可以看到刚才生成的用户信息，如图 C-20 所示。

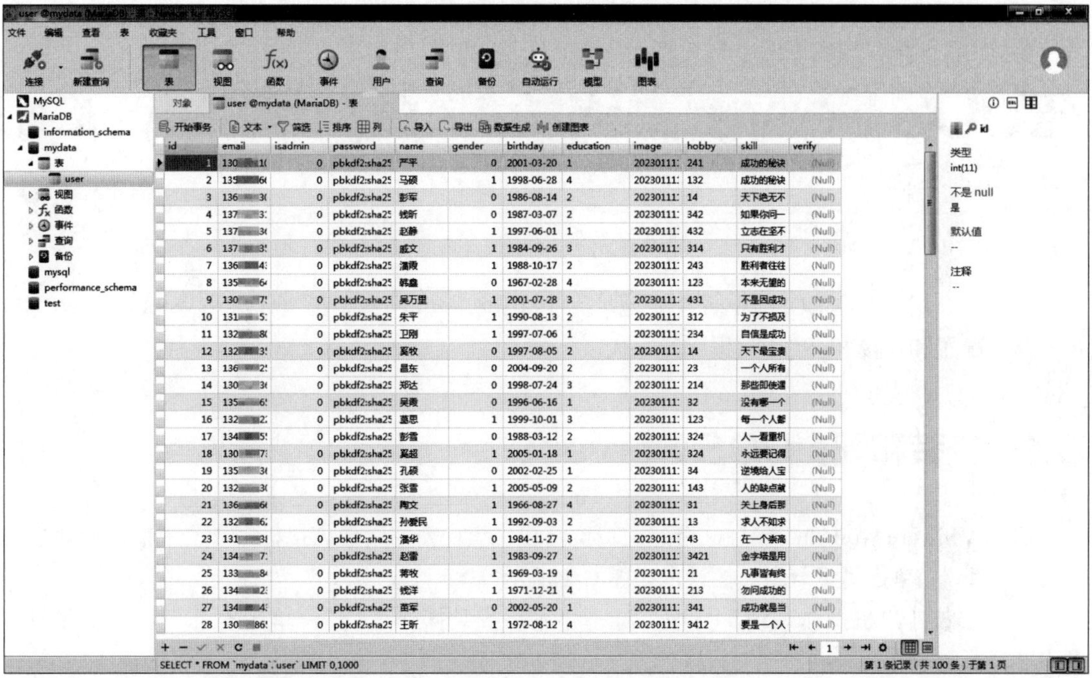

图 C-20　用户信息表

在 Flask 服务器中打开浏览器，在地址栏输入 127.0.0.1:5000/admin 并按 Enter 键，打开管理员登录页面，在邮箱输入框输入 super@super.com，在密码输入框输入 123456，单击"管理员登录"按钮，打开超级管理员页面。

在超级管理员页面，从左边的"用户名"栏选择某用户，在右边的"详细信息"栏单击"权限管理"按钮，在弹出的下拉菜单中选择"设为管理员"子菜单项，我们会看到在左边的该用户名前显示小图标，表明该用户已被设置为管理员，如图 B-8 所示。记住该用户邮箱地址，单击主菜单上的"退出"子菜单项，转到用户登录页面。

在用户登录页面，输入刚才记住的邮箱地址、密码（模拟生成的用户密码均为 123456）和验证码，单击"登录"按钮，可登录用户主页（因为管理员既可以登录管理页面，也可以登录用户主页）。

附录 D

在UOS Server上安装/配置/连接MySQL

本附录介绍如何在 UOS Server（IP 地址为 192.168.1.102，安装在 VMWare Workstation15 中）上安装、配置和连接 MySQL 数据库。

D.1 安装和配置UOS Server

启动 VMware Workstation 15，新建虚拟机，在"欢迎使用新建虚拟机向导"界面，选择"自定义(高级)"，单击"下一步"按钮，如图 C-1 所示。

在"安装客户机操作系统"界面，选择"稍后安装操作系统"，单击"下一步"按钮，如图 C-2 所示。

在"选择客户机操作系统"界面，选择"Linux"，版本选择"其他 Linux 4.x 或更高版本内核 64 位"，单击"下一步"按钮，如图 D-1 所示。

在"命名虚拟机"界面，虚拟机名称输入框输入"UOS Server ADM 64"（可以输入任何名称），单击"下一步"按钮，如图 D-2 所示。

图 D-1 "选择客户机操作系统"界面

图 D-2 "命名虚拟机"界面

在"此虚拟机的内存"界面，此虚拟机的内存输入框输入 1024MB，单击"下一步"按钮，如图 D-3 所示。

在"网络类型"界面，选择"使用桥接网络"（使用桥接网络的虚拟系统和宿主机的关系，就像连接在同一个 Hub 上的两台计算机），单击"下一步"按钮，如图 D-4 所示。

图 D-3 "此虚拟机的内存"界面　　　　图 D-4 "网络类型"界面

在"指定磁盘容量"界面，指定最大磁盘大小为 40GB，选择"将虚拟磁盘拆分成多个文件"，单击"下一步"按钮。

在"已准备好创建虚拟机"界面，单击"自定义硬件"按钮，如图 D-5 所示。

在"硬件"对话框，从"设备"中选择"新 CD/DVD(IDE)"，从"连接"中选择"使用 ISO 映像文件"并单击"浏览"按钮指定已下载好的 ISO 文件，单击"关闭"按钮，如图 D-6 所示。

图 D-5 "已准备好创建虚拟机"界面　　　　图 D-6 "硬件"对话框

如图 D-7 所示，启动 UOS Server ADM 64 虚拟机，开始安装 UOS Server 操作系统。

在安装选项页面，选择第一项"Install UnionTech OS Server 20(Graphic)"，按 Enter 键，如图 D-8 所示。

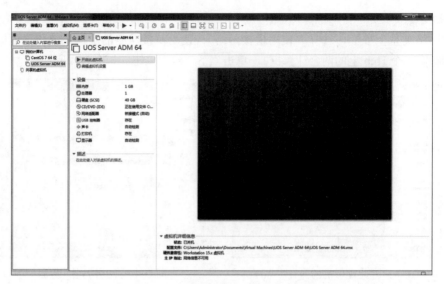

图 D-7 启动 UOS Server ADM 64 虚拟机

在"安装信息摘要"窗口（见图 D-9），单击"安装目的地"，指定安装设备（见图 D-10）；单击"网络和主机名"，打开以太网（见图 D-11）；单击"根密码"，设置 root 用户密码。回到"安装信息摘要"窗口，单击"开始安装"按钮（上述选项设置完后变为可用）。

图 D-8 安装选项页面

图 D-9 "安装信息摘要"窗口

显示"安装进度"界面，开始安装 UOS Server，安装需要较长时间。安装完以后，单击"重启系统"按钮，如图 D-12 所示。

重启 UOS Server 操作系统，在"初始设置"界面单击"许可信息"，进入"许可信息"界面，选择"我同意许可协议"复选框，单击"完成"按钮，如图 D-13 所示。

在"登录"界面中输入用户名（root）、密码并按 Enter 键登录 UOS Server。

图 D-10 "安装目标位置"界面

图 D-11 "网络和主机名"界面

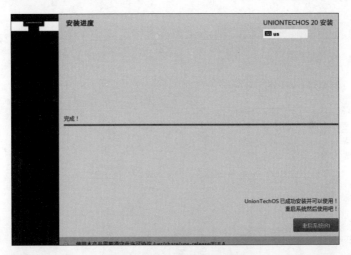

图 D-12 "安装进度"界面

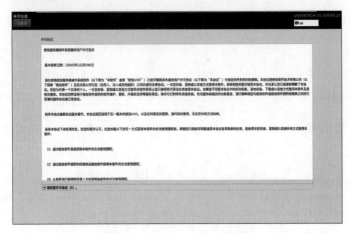

图 D-13 "许可信息"界面

D.2 安装和配置MySQL

D.2.1 安装

在 UOS Server 操作系统中启动终端，执行 sudo yum install mysql-server 命令安装 MySQL 服务器。安装过程中会询问是否下载，回答为 y。

```
[root@localhost ~]# sudo yum install mysql-server
上次元数据过期检查: 0:00:35 前, 执行于 2023年04月05日 星期三 15时55分31秒。
模块依赖问题：

...

启用模块流：
 mysql                                  8.0

事务概要
============================================
安装    7 软件包
升级    6 软件包

总下载：225 M
确定吗？[y/N]: y
下载软件包：

...

--------------------------------------------------------------------------------
总计                                    2.6 MB/s | 225 MB        01:26
运行事务检查
事务检查成功。
运行事务测试
事务测试成功。
运行事务

...

已升级：
  libevent-2.1.12-3.uelc20.02.x86_64       libreswan-4.5-1.0.1.uelc20.02.x86_64
  org.deepin.browser-5.4.49-3.uelc20.x86_64   python3-unbound-1.16.2-2.uelc20.02.x86_64
  qt5-qtwebengine-5.12.5-2.uelc20.05.x86_64   unbound-libs-1.16.2-2.uelc20.02.x86_64
```

```
已安装：
  mariadb-connector-c-config-3.1.11-2.uelc20.noarch
  mecab-0.996-2.module+uelc20+888+cd5329fe.x86_64
  mysql-8.0.30-1.0.1.module+uelc20+891+95de7a2d.2.x86_64
  mysql-common-8.0.30-1.0.1.module+uelc20+891+95de7a2d.2.x86_64
  mysql-errmsg-8.0.30-1.0.1.module+uelc20+891+95de7a2d.2.x86_64
  mysql-server-8.0.30-1.0.1.module+uelc20+891+95de7a2d.2.x86_64
  protobuf-lite-3.5.0-15.uelc20.01.x86_64

完毕！
```

D.2.2 配置

安装完 MySQL 服务器后，在 UOS Server 终端执行 systemctl start mysqld 命令（注意是 mysqld）来启动 MySQL 服务器。然后执行 mysql_secure_installation 命令来进行相应的安全设置，如有效密码成分、密码安全性级别、root 用户新密码、移除匿名用户、root 用户远程访问许可、移除 test 数据库和登录权限、重新装载权限表等。我们把 MyQSL 数据库 root 用户密码设置为 12345678（注意 UOS Server root 密码和 MySQL 数据库 root 密码不同）。

```
[root@localhost ~]# systemctl start mysqld
[root@localhost ~]# mysql_secure_installation

Securing the MySQL server deployment.

Connecting to MySQL using a blank password.

VALIDATE PASSWORD COMPONENT can be used to test passwords
and improve security. It checks the strength of password
and allows the users to set only those passwords which are
secure enough. Would you like to setup VALIDATE PASSWORD component?

Press y|Y for Yes, any other key for No: Y

There are three levels of password validation policy:

LOW    Length >= 8
MEDIUM Length >= 8, numeric, mixed case, and special characters
STRONG Length >= 8, numeric, mixed case, special characters and dictionary file

Please enter 0 = LOW, 1 = MEDIUM and 2 = STRONG: 0
Please set the password for root here.

New password:
```

```
Re-enter new password:

Estimated strength of the password: 50
Do you wish to continue with the password provided?(Press y|Y for Yes, any other key
for No) : y
By default, a MySQL installation has an anonymous user,
allowing anyone to log into MySQL without having to have
a user account created for them. This is intended only for
testing, and to make the installation go a bit smoother.
You should remove them before moving into a production
environment.

Remove anonymous users? (Press y|Y for Yes, any other key for No) : y
Success.


Normally, root should only be allowed to connect from
'localhost'. This ensures that someone cannot guess at
the root password from the network.

Disallow root login remotely? (Press y|Y for Yes, any other key for No) : n

 ... skipping.
By default, MySQL comes with a database named 'test' that
anyone can access. This is also intended only for testing,
and should be removed before moving into a production
environment.


Remove test database and access to it? (Press y|Y for Yes, any other key for No) : y
 - Dropping test database...
Success.

 - Removing privileges on test database...
Success.

Reloading the privilege tables will ensure that all changes
made so far will take effect immediately.

Reload privilege tables now? (Press y|Y for Yes, any other key for No) : y
Success.

All done!
[root@localhost ~]#
```

D.2.3 停止防火墙

在 UOS Server 终端执行 firewall-cmd --state 命令查看防火墙运行情况。若防火墙在运行状态（running），则在终端执行 systemctl stop firewalld.service 命令（注意是 firewalld），停止防火墙。

```
[root@localhost ~]# firewall-cmd --state
running
[root@localhost ~]# systemctl stop firewalld.service
[root@localhost ~]#
```

D.3 连接MySQL，创建数据库和表

D.3.1 连接MySQL

在安装 Navicat for MySQL 的 Windows 7 计算机上，启动 Navicat for MySQL，从"连接"中选择"MySQL"。

在"新建连接 (MySQL)"对话框中，输入连接名为"UOS_MySQL"，主机为"192.168.1.102"（统信 UOS 虚拟机 IP 地址），端口为"3306"，用户名为"root"，密码为"12345678"，单击"测试连接"按钮。若显示"连接成功"提示对话框，则表明 MySQL 服务器配置成功，如图 D-14 所示。

图 D-14 测试连接成功

D.3.2 创建数据库和表

打开 Navicat for MySQL，如图 D-15 所示，在左边的导航栏中右击"UOS_MySQL"，在弹出的快捷菜单中选择"新建数据库"。进入"新建数据库"对话框，在数据库名输入框中输入"mydata"，在字符集输入框中输入"utf8"，单击"确定"按钮完成数据库的创建，如图 D-16 所示。

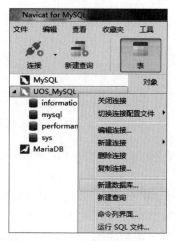

图 D-15 选择"新建数据库"　　　　图 D-16 "新建数据库"对话框

如图 D-17 所示，从左边的导航栏中依次打开"UOS_MySQL → mydata"，右击"表"，在弹出的快捷菜单中选择"新建表"。

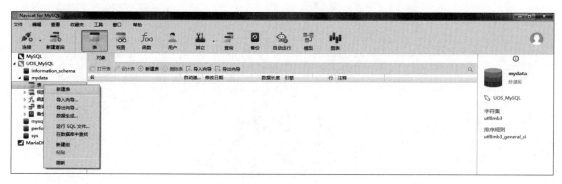

图 D-17 选择"新建表"

新建表后，多次单击"添加字段"按钮，添加所有字段名称、类型、长度，将 id 字段设置为"不是 null""键""自动递增"，将 email 字段设置为"不是 null"，单击"保存"按钮，表名设置为 user，如图 D-18 所示。

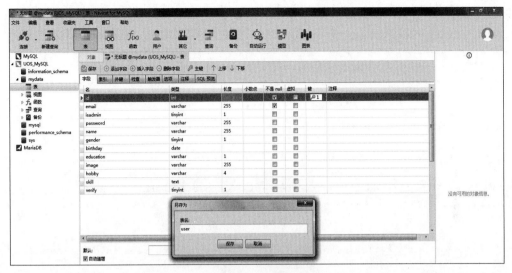

图 D-18　创建的表

D.3.3　运行结果

在 Flask 服务器中，用 Sublime Text 修改 app.py 中的数据库连接代码：

```
...
import pymysql
app.config['SQLALCHEMY_DATABASE_URI'] = \
    'mysql+pymysql://root:12345678 \
    @192.168.1.102:3306/mydata?charset=utf8'
...
```

以上代码的主要说明如下。

从 app.py 中找到连接 MariaDB 的代码进行修改，其中 MySQL 数据库 root 密码为 12345678，MySQL 数据库服务器 IP 地址为 192.168.1.102，MySQL 数据库端口为 3306，数据库名为 mydata。

在 Flask 服务器中，打开统信 UOS 终端，进入 www 文件夹，执行 python3 app.py 启动 Flask 自带的服务器（如果服务器已经启动，则跳过此步骤）。

```
$ cd www
$ python3 app.py
```

打开浏览器，在地址栏输入 127.0.0.1:5000 并按 Enter 键，打开用户注册页面，注册一个新用户（详情参见第 3 章）。若显示"注册成功"提示信息（见图 1-4），则表明数据库连接成功。

在 UOS Server（Windows 7 上安装 UOS Server 的虚拟机），打开终端，执行 mysql -u root -p

命令进入 MySQL，执行 show databases; 命令可以查看 mydata 数据库。依次执行 use mydata; 和 select name,email,gender from user; 命令可以查看刚才注册的用户姓名、邮箱和性别信息。

```
[root@localhost ~]# mysql -u root -p
Enter password:
Welcome to the MySQL monitor.  Commands end with ; or \g.
Your MySQL connection id is 28
Server version: 8.0.30 Source distribution

Copyright (c) 2000, 2022, Oracle and/or its affiliates.

Oracle is a registered trademark of Oracle Corporation and/or its
affiliates. Other names may be trademarks of their respective
owners.

Type 'help;' or '\h' for help. Type '\c' to clear the current input statement.

mysql> show databases;
+--------------------+
| Database           |
+--------------------+
| information_schema |
| mydata             |
| mysql              |
| performance_schema |
| sys                |
+--------------------+
5 rows in set (0.08 sec)

mysql> use mydata;
Reading table information for completion of table and column names
You can turn off this feature to get a quicker startup with -A

Database changed
mysql> mysql> select name,email,gender from user;
+-------------------------+-----------------------+--------+
| name                    | email                 | gender |
+-------------------------+-----------------------+--------+
| 木合塔尔·沙地克          | muhtar_xjedu@163.com  | 1      |
+-------------------------+-----------------------+--------+
1 row in set (0.00 sec)

mysql>
```

在 MySQL 服务器中打开 Navicat for MySQL，也可以查看刚才生成的用户信息，如图 D-19 所示。

图 D-19 用户信息表

在 Flask 服务器中打开浏览器,在地址栏输入 127.0.0.1:5000/admin 并按 Enter 键,打开管理员登录页面,在邮箱输入框输入 super@super.com,在密码输入框输入 123456,单击"管理员登录"按钮,打开超级管理员页面。在超级管理员页面,将刚才注册的用户设置为管理员(只有一个用户),并记住其邮箱和密码,退出转到用户登录页面。

在用户登录页面,输入刚才记住的邮箱地址、密码和验证码,单击"登录"按钮,可登录用户主页(因为管理员既可以登录管理页面,也可以登录用户主页)。